高等技术应用型人才"十二五"规划教材
CAD/CAM 技术应用系列规划丛书

Pro/E5.0 Wildfire 实用教程
（图解版）

赵 淳 王英玲 主 编

电子工业出版社
Publishing House of Electronics Industry
北京·BEIJING

内 容 简 介

本书是多位一线教师集体智慧的结晶，是多年教学经验的归纳和总结。本书的特色是：按以工作过程为导向的思路进行编写，真正做到让读者"做中学，学中做"。所有任务均为真实的典型案例，每个任务以二维和三维图形的形式显现给读者，并采用以图代文的表现形式，清楚直观，容易上手，能激发读者的学习兴趣。本书注重读者分析问题、解决问题的能力及职业素养，将读者的能力目标和职业素养作为任务目标。根据Pro/E 的应用特点，并按照工程设计的一般流程，由浅入深，循序渐进，依次介绍 Pro/E5.0 基础知识、基准的创建、草绘设计、零件实体造型、装配设计、工程图的设计六个项目。各个项目包括若干任务，每个任务的具体框架结构为：任务目标→任务内容→任务分析→知识储备→任务实施→任务评价→归纳梳理→巩固练习。

本书既可以作为初学者的学习教材，无须参照其他书籍即可轻松入门；也可作为有一定基础的 Pro/E 用户的参考手册，从中了解各项功能的详细应用，更上一个台阶。

未经许可，不得以任何方式复制或抄袭本书之部分或全部内容。
版权所有，侵权必究。

图书在版编目(CIP)数据

Pro/E Wildfire 5.0 实用教程：图解版/赵淳，王英玲主编.--北京：电子工业出版社，2015.6
ISBN 978-7-121-26252-4

Ⅰ.①P… Ⅱ.①赵…②王… Ⅲ.①机械设计－计算机辅助设计－应用软件－教材 Ⅳ.①TH122

中国版本图书馆 CIP 数据核字(2015)第 122872 号

责任编辑：贺志洪　　　　　　　　　特约编辑：张晓雪　薛　阳
印　　刷：北京七彩京通数码快印有限公司
装　　订：北京七彩京通数码快印有限公司
出版发行：电子工业出版社
　　　　　北京市海淀区万寿路 173 信箱　邮编　100036
开　　本：787×1092　1/16　　印张：18.75　　字数：480 千字
版　　次：2015 年 6 月第 1 版
印　　次：2021 年 8 月第 7 次印刷
定　　价：38.00 元

凡所购买电子工业出版社图书有缺损问题，请向购买书店调换，若书店售缺，请与本社发行部联系，联系及邮购电话：(010)88254888。

质量投诉请发邮件至 zlts@phei.com.cn，盗版侵权举报请发邮件至 dbqq@phei.com.cn。
服务热线：(010)88258888。

前 言

Pro/ENGINEER(简称 Pro/E)操作软件是美国参数技术公司(PTC)旗下的 CAD/CAM/CAE 一体化的三维软件。Pro/E 软件以参数化著称,是参数化技术的最早应用者,在目前的三维造型软件领域中占有着重要地位,Pro/E 作为当今世界机械 CAD/CAE/CAM 领域的新标准而得到业界的认可和推广,是现今主流的 CAD/CAM/CAE 软件之一,特别是在国内产品设计领域占据重要位置。

市面上 Pro/E 的书很多,各有千秋,从我们的教学和使用角度来看,却感觉难以找到一本融实用性与适用性于一体的教材。正基于这样一种现实情况,促使我们编写了这本教材。

本书是多位一线教师集体智慧的结晶,是多年教学经验的归纳和总结。本书的特色是:按以工作过程为导向的思路进行编写,真正做到让读者"做中学,学中做"。所有任务均为真实的典型案例,每个任务以二维和三维图形的形式显现给读者,并采用以图代文的表现形式,清楚直观,容易上手,能激发读者的学习兴趣。根据 Pro/E 的应用特点,并按照工程设计的一般流程,由浅入深,循序渐进,依次介绍 Pro/E5.0 基础知识、基准的创建、草绘设计、零件实体造型、装配设计、工程图的设计六个项目。各个项目包括若干任务,具体结构如下:

◆ **任务目标** 让读者充分了解学习每个任务应该要达到的职业能力目标和职业素养目标,做到目的明确,心中有数。

◆ **任务内容** 完整、明确地给出每个任务的具体内容,让读者带着任务学习。

◆ **任务分析** 对给定的任务如何完成,怎样完成进行分析,我们非常注重方法的学习和思路的提示,帮助读者提高分析问题的能力。

◆ **知识储备** 为了完成任务内容,将相关知识内容完整的、有系统地进行介绍。让读者有这些知识储备下进行操作任务,更加宜于学习和掌握。

◆ **任务实施** 本书采用"任务驱动法",精选了 Pro/E5.0 典型的应用作为操作实例,通过对操作过程的详细介绍,使读者在实际操作中熟练地掌握 Pro/E5.0 的使用。在操作过程中,通过一步一步地实施任务,在容易忽略和混淆的地方,适当设置注意的内容。按照本书的提示和方法做成、做会、做熟,再进行练习,举一反三,就能扎扎实实地掌握 Pro/E5.0 在实际工作中的应用。

◆ **任务评价** 在完成任务之后,根据评价表进行自我评价或读者之间相互评价和老师给每位同学一个成绩,以检验实际操作过程中的情况,是一个温故知新的过程,既能增加学习乐趣,又能提高学习兴趣。

◆ **归纳梳理** 在完成任务过程中,有关一线教师的经验技巧、一些容易出现的问题、操作中的不同方法等相关内容,在此进行详细说明。对于初学者而言,这些内容是非常宝贵的,可以在"会用"的基础上迅速提升为"巧用"。

◆ **巩固练习** 作为一种应用软件,很难想象不通过大量的练习就能熟练掌握,因此在每个项目后我们精选了同类练习题,按难易程度,由易到难进行练习。由于针对性强,效果不同于一般的练习册,可帮助读者进一步熟悉相关功能的使用,应用所学知识分析和解决具体问题,达到熟能生巧的效果。

本书既可以作为初学者的学习教材，无须参照其他书籍即可轻松入门；也可作为有一定基础的Pro/E用户的参考手册，从中了解各项功能的详细应用，更上一个台阶。由于本书采用了项目化的组织方式，读者在学习时可根据各自专业和学时的不同，进行灵活地选择。

本书由执教Pro/E多年的专业教师编写，苏州技师学院赵淳、王英玲任主编，苏州技师学院李玲和苏州园区工业技术学校强峰参编。其中项目1由强峰编写，项目2、项目3、项目4中任务1到任务6、项目5中的任务3由赵淳编写，项目6由李玲编写，项目四中任务7到任务10、项目五任务1和任务2由王英玲编写。全书由苏州技师学院许琪负责审阅。本书配套教学资源可以从华信教育网（www.hxedu.com.cn）免费下载改向出版社编辑（hzh@phei.com.cn）索要。

在教材编写过程中，得到苏州技师学院王红娟等同仁们的大力帮助和支持，在此表示衷心感谢！

虽然编者在编写过程中本着认真负责的态度，精益求精，认真核查，反复校对，力求做到完美无缺，但由于编者水平有限，书中错漏之处在所难免，恳请读者对本书中的不足提出宝贵意见和建议，以便我们不断地改进。

编　者

2015年5月

目 录

项目 1　Pro/E5.0 基础知识 ··· 1
　　任务 1　Pro/E 5.0 三维设计入门 ·· 1
　　任务 2　常用工具操作 ··· 11

项目 2　基准的创建 ·· 19
　　任务 1　基准面的建立 ··· 19
　　任务 2　基准轴的建立 ··· 25

项目 3　草绘设计 ·· 30
　　任务 1　连轴板 ·· 30
　　任务 2　扳手 ··· 37
　　任务 3　滑杆 ··· 50
　　任务 4　纪念章 ·· 58

项目 4　零件实体造型 ··· 70
　　任务 1　底座 ··· 70
　　任务 2　轴承盖 ·· 83
　　任务 3　短轴 ··· 95
　　任务 4　带轮 ·· 106
　　任务 5　箱体 ·· 117
　　任务 6　电话机壳体 ·· 132
　　任务 7　弯管接头 ··· 146
　　任务 8　花盆 ·· 166
　　任务 9　水龙头 ··· 177
　　任务 10　可乐瓶 ··· 187

项目 5　装配设计 ·· 197
　　任务 1　铰链的设计 ·· 197
　　任务 2　加湿器的设计 ··· 210
　　任务 3　机用台虎钳的装配 ·· 232

模块 6　工程图的设计 ··· 251
　　任务 1　绘制阀体的工程图 ·· 251
　　任务 2　绘制泵体的工程图 ·· 270
　　任务 3　绘制千斤顶装配的工程图 ··· 284

项目 1　Pro/E5.0 基础知识

Pro/E 是目前一种最流行的三维设计软件,越来越多的工程技术人员利用 Pro/E 软件进行产品的设计和开发。本模块主要对 Pro/E 零件设计模块的界面进行介绍,通过实例讲解,让读者了解使用 Pro/E 软件造型设计的一般创建过程,同时了解视图的缩放、鼠标的使用、视图的重定向等常用工具都是 Pro/E 操作必不可少的组成部分,也是使用率最高的操作工具。

任务 1　Pro/E5.0 三维设计入门

任务目标

1. 能力目标

- 认识 Pro/E 操作界面。
- 学会进行 Pro/E 的启动。
- 学会 Pro/E 软件造型设计的一般操作过程。

2. 职业素养

- 培养严谨认真的工作态度。
- 培养学习能力。
- 培养分析问题和解决问题的能力。

任务内容

通过如图 1-1 所示的零件造型演示,掌握 Pro/E 软件造型设计的一般操作过程。

图 1-1　示例零件

任务分析

本任务需要掌握 Pro/E 软件造型设计的一般操作过程包括：启动 Pro/E、设置工作目录、进入零件设计模块、创建零件特征以及保存。

知识储备

1. Pro/E Wildfire5.0 的操作界面

用户可以依次单击【开始】→【所有程序】→【PTC】→【Pro ENGINEER】→【Pro ENGINEER】命令或直接单击桌面图标，如图 1-2 所示。启动 Pro/E 程序，其操作界面如图 1-3 所示。

图 1-2　Pro/E 启动操作

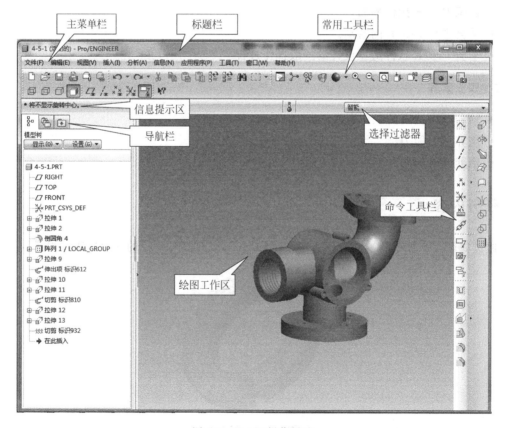

图 1-3　Pro/E 操作界面

(1) 标题栏。标题栏在 Pro/E 操作界面的最上方,它将显示当前正在操作文件的路径和名称。

(2) 主菜单栏。主菜单栏在 Pro/E 操作界面的上方,它主要由文件、编辑、视图、插入、分析、信息等 10 个菜单组成,如图 1-4 所示。当单击主菜单栏的任一个菜单选项时,系统会将菜单下拉,并显示出所有与该菜单有关的命令选项,因此,也称为下拉式菜单。

图 1-4　主菜单栏

(3) 常用工具栏。常用工具栏位于主菜单栏的下方,如图 1-5 所示。它以图标的形式直观的表示每个工具的作用,相当于菜单中某些指令的快捷按钮,所以,使用起来非常方便。如将鼠标指针停留在工具栏按钮上,则会显示该按钮对应的功能提示。

图 1-5　常用工具栏

(4) 命令工具栏。主要用于选择各种操作命令,如拉伸、旋转等,如图 1-6 所示。

图 1-6　命令工具栏

(5) 绘图工作区。绘图工作区占据了操作界面的大部分空间,它是创建和修改几何模型的区域。

(6) 导航栏。主要包括模型树、文件夹浏览器和收藏夹,它们之间可以通过导航栏上方的选项卡进行切换,如图 1-7 所示。

图 1-7　导航栏

(7) 信息提示区。信息提示区位于导航栏上方，其主要作用是显示每一步操作的信息及执行结果的信息。

(8) 选择过滤器。选择过滤器位于绘图区的右上角，它可以让用户选定某一类型的对象，如特征、几何、面组等，这样可以缩小可选项目的范围。

任务实施

以上对 Pro/E Wildfire5.0 的操作界面进行了讲解，下面以图 1-1 所示示例为例，具体阐述 Pro/E 软件造型设计的一般操作过程。

STEP 1　启动 Pro/E

选择菜单中的【开始】→【所有程序】→【PTC】→【Pro ENGINEER】→【Pro ENGINEER】命令，如图 1-2 所示。启动 Pro/E 软件，结果如图 1-8 所示。

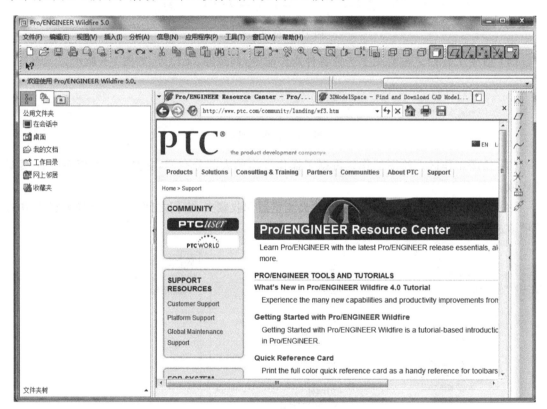

图 1-8　启动的 Pro/E 软件界面

STEP 2　设置工作目录

选择主菜单中的【文件】→【设置工作目录】命令，弹出【选取工作目录】对话框，选择用户要保存文件的目录，如图 1-9 所示，完成后，单击【确定】按钮。

注意：设置工作目录不是必需的操作，但建议进行这一步骤的操作，以后保存及打开时将直接使用这一目录。

项目1 Pro/E5.0基础知识

图1-9 设置工作目录

STEP 3 进入零件设计模块

单击工具栏上的【新建】按钮 。弹出【新建】对话框,输入名称1-1-1,选用【使用默认模板】,选项如图1-10所示设置完成后,单击【确定】按钮。

弹出【新文件选项】对话框,选择【mnns_part_solid】选项如图1-11所示,单击【确定】按钮,进入零件设计模块环境,如图1-12所示。

图1-10 【新建】对话框

图1-11 【新文件选项】对话框

注意:在使用默认模板的勾选时,一般要去除,然后选择公制模板 mmns_part_solid。

STEP 4 选择拉伸命令

单击工具栏上的【拉伸】按钮 。

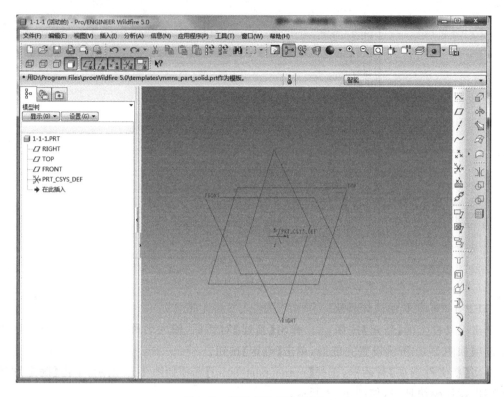

图 1-12 零件模块操作界面

STEP 5 选择草绘平面

弹出【拉伸】面板,单击【放置】→【定义】按钮,弹出【草绘】对话框,如图 1-13 所示。

图 1-13 【草绘】对话框

在绘图工作区选择如图 1-14 所示的 FRONT 平面,完成后,单击【草绘】按钮,进入草绘环境。

STEP 6 草绘图形

使用草绘工具,绘制如图 1-15 所示的图形,完成后,单击【确定】按钮。

 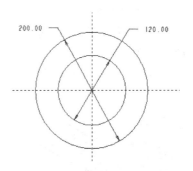

图 1-14　选择草绘平面示意图　　　　图 1-15　绘制的草绘图形示意图

STEP 7　设置拉伸参数

回到【拉伸】面板,参数设置如图 1-16 所示。

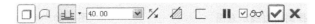

图 1-16　拉伸参数设置

STEP 8　生成拉伸实体

图形预览正确后,单击鼠标中键,然后滚动鼠标中键进行缩放,按住鼠标中键再移动鼠标进行旋转操作,结果如图 1-17 所示。

图 1-17　生成的拉伸实体

注意：用户可以通过鼠标中键对图形进行旋转、缩放,在以后的操作中可根据绘图需要进行操作,下个任务会进行介绍。

STEP 9　选择倒角命令

单击工具栏上的【倒角】按钮 。

STEP 10　设置倒角参数

弹出【倒角】面板,参数设置如图 1-18 所示。

图 1-18　设置倒角参数示意图

STEP 11　选择倒角图素

在绘图工作区，选择如图 1-19 所示的边线 L1、L2、L3、L4。

STEP 12　生成倒角

图形预览正确后，单击鼠标中键，结果如图 1-20 所示。

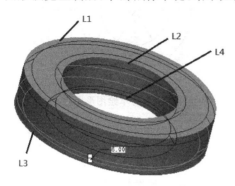
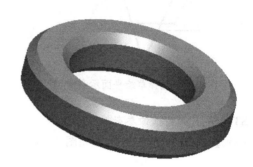

图 1-19　选择倒角边线示意图　　　　图 1-20　生成的倒角

STEP 13　选择拉伸命令

弹出【拉伸】面板，单击【放置】→【定义】按钮，弹出【草绘】对话框。在绘图工作区选择如图 1-21 所示的草绘平面，完成后，单击【草绘】按钮，进入草绘环境。

STEP 14　草绘图形

使用草绘工具，绘制如图 1-22 所示的图形，完成后，单击【确定】按钮。

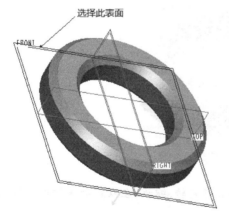
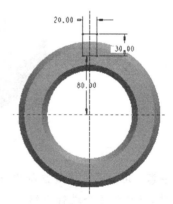

图 1-21　选择草绘平面示意图　　　　图 1-22　绘制的草绘图形示意图

STEP 15　设置拉伸参数

回到【拉伸】面板，参数设置如图 1-23 所示。

图 1-23　设置拉伸参数示意图

STEP 16　生成拉伸实体

图形预览正确后，单击鼠标中键，生成的拉伸实体如图 1-24 所示。

图 1-24　生成的拉伸实体

STEP 17　使用阵列命令

选择上面完成的拉伸实体,单击工具栏上的【拉伸】按钮,弹出【阵列】面板。选择阵列方式为轴,如图 1-25 所示。选择轴 A1,修改阵列参数,如图 1-26 所示。

图 1-25　【阵列】面板

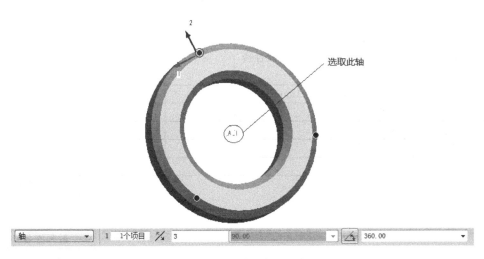

图 1-26　设置阵列参数示意图

STEP 18　生成示例零件实体

完成后,单击鼠标中键,结果如图 1-27 所示。

STEP 19　保存文件

完成以上所有操作后,单击【保存】按钮进行文件的保存。

图 1-27　阵列结果示意图

任务评价

根据操作评价表(见表 1-1)中的内容进行自我评价和老师评价。

表 1-1　项目 1　Pro/E5.0 基础知识　任务 1　综合评价表

班级_____　　　姓名_____　　　学号_____

序号	评价内容	自我评价		
		很好	较好	尚需努力
1	解读任务内容			
2	会启动 Pro/E 软件,能用 Pro/E 操作界面			
3	能熟练设置工作目录,能够用 Pro/E 软件造型设计的一般操作过程			
4	在规定时间内完成(建议时间为 15min)			
5	学习能力,资讯能力			
6	分析、解决问题的能力			
7	学习效率,学习成果质量			
8	创新、拓展能力			
教师评价意见		综合等级		
		教师签名确认		

日期:_____年_____月_____日

归纳梳理

- 本任务中学习了 Pro/E 的启动和操作界面；
- Pro/E 软件造型设计的一般操作过程：启动 Pro/E、设置工作目录、进入零件设计模块、创建零件特征，最后保存。

巩固练习

1. 简述 Pro/E 启动并进入零件设计模块的操作过程。　　　　　难度系数★
2. 简述用 Pro/E 创建一个特征，如拉伸特征的一般创建过程。　难度系数★★

任务 2　常用工具操作

任务目标

1. 能力目标

- 学会屏幕显示操作方法。
- 学会鼠标的使用。

2. 职业素养

- 培养严谨认真的工作态度。
- 培养学习能力。
- 培养分析问题和解决问题的能力。

任务内容

打开如图 1-28 所示的示例，进行基准的显示与关闭操作，完成各种屏幕显示按钮的操作，并且进行重定向视图，最后进行鼠标按键的使用练习。

图 1-28　常用工具操作示例

任务分析

要完成本任务，必须熟悉常用工具栏。常用工具栏位于主菜单栏的下方，如图 1-29 所示。它以图标的形式直观的表示每个工具的作用，相当于菜单中某些指令的快捷按钮，所以，使用起来非常方便。

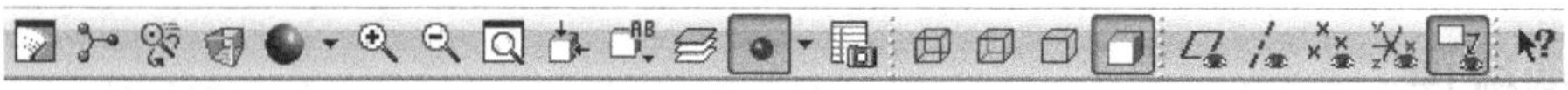

图 1-29　常用工具栏

知识储备

1. 屏幕显示操作

在三维实体造型时,经常会用到变换视角、显示不同的区域等操作,以便进行图形的操作,用户可以通过工具栏的按钮进行视图的操作,下面对这些按钮功能进行简单的介绍。

(1) 屏幕显示命令

① 全屏显示。保持目前视角,按最大化显示,此时视角内所有图素都显示在绘图工作区内。

② 局部放大。单击该按钮,然后在绘图工作区拖动出一个窗口,进行视图的放大操作,如图 1-30 所示。

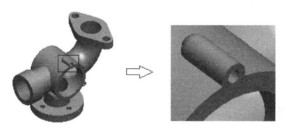

图 1-30　局部放大视图操作

③ 缩小视图。单击此按钮,屏幕以当前的视图状态,按照比例缩小整体视图。

④ 刷新视图。将当前屏幕按原大小进行重绘,可重整因删除图素或选取此图素后所造成的曲面垃圾。

(2) 视图列表

单击【视图列表】按钮,弹出如图 1-31 所示的列表框,表中列出了所有视图,BACK 为后视图、BOTTOM 为俯视图等,单击其中一个选项,系统便进入某个视图中。

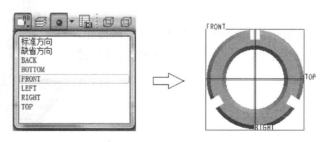

图 1-31　视图操作

(3) 重定向视图

Pro/E 中提供了比较灵活的视图定义功能,用户可以自己定义任意视图。单击【重定向视图】按钮,系统便会弹出【方向】对话框。在【类型】栏里可以选择【按参照定向】、【动态定向】

选项,其中【按参照定向】表示用户可以通过选取参照平面来定义视图,其操作过程如图1-32所示。【动态定向】表示在绘图工作区里,用户通过旋转、缩放、平移模型来定义视图。完成视图定向后,可以在【已保存的视图】栏里输入视图名称,并单击【保存】按钮,此时,在视图列表框里多出了创建的视图名称。

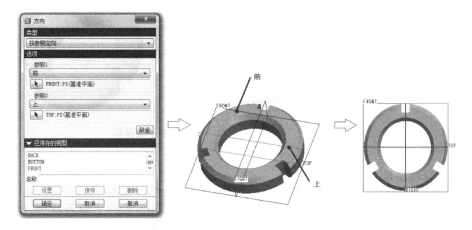

图 1-32　重定向视图操作

(4) 模型显示模式

模型显示模式主要用于设置模型的显示方式,它主要有 4 个选项。如表 1-2 所示为各个选项的示例和说明。

表 1-2　模型显示模式

显示方式	示　　例	说　　明
线框		模型以线框方式显示,显示所有曲面的边界
隐藏线		模型以线框方式显示,被曲面所遮挡的边界将以浅色显示
无隐藏线		模型以线框方式显示,但不显示从当前视角方向中被曲面所遮挡的边界
着色		模型以着色方式显示

(5) 基准的显示与隐藏

在绘图工作区图形相对比较紊乱的情况下，可以关闭基准的显示，便于图形的操作，如图 1-33 所示。以基准平面为例，操作如图 1-34 所示。

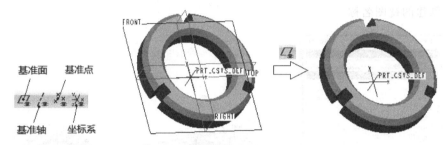

图-33　基准显示工具栏　　　　　图 1-34　基准平面隐藏操作

2. 鼠标键的使用

使用 Pro/E 时，最好选用含有 3 键功能的鼠标，因为在 Pro/E 的工作环境中，鼠标左键、中键、右键均含有其特殊的功能。此外，3 个按键还可以配合键盘的 Ctrl、Shift 按键执行其他的功能。表 1-3 列举了鼠标 3 个按键的功能和使用，并列出其使用的功能及区域。

表 1-3　鼠标按键的功能和使用

鼠标按键	使用区域	可执行的动作
左键	绘图区	选取图素
Ctrl＋左键	绘图区	同时选取多个图素
Ctrl＋左键	导航栏	同时选取多个特征
中键	弹出对话框	确定
中键（滚动）	绘图区	缩放图形
中键（移动）	绘图区	旋转图形
Shift＋中键（移动）	绘图区	平移图形

任务实施

以上对常用工具操作方法进行了讲解，下面通过一个实例操作来巩固本讲所介绍的内容，示例零件如图 1-28 所示。

STEP 1　设置工作目录

选择主菜单中的【文件】→【设置工作目录】命令，弹出【选取工作目录】对话框。选择 Module1 目录，此文件夹包含了本例操作的文件，完成后，单击【确定】按钮。

STEP2　打开文件

单击工具栏上的【打开】按钮 ，弹出【文件打开】对话框。选择文件 1-28.prt，然后单击【打开】按钮，结果如图 1-35 所示。

STEP 3　关闭基准的显示

单击工具栏上的【基准显示】按钮 ，将各种基准显示关闭，结果如图 1-36 所示。

项目1 Pro/E5.0基础知识 · 15 ·

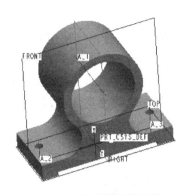
图 1-35 打开的零件图形

图 1-36 关闭基准显示后的图形

STEP4 屏幕显示操作

单击工具栏上的【局部放大】按钮 ，然后在绘图工作区拖出一个窗口，进行视图的放大操作，再单击【全屏显示】按钮 ，模型将全部显示在绘图窗口中，操作过程如图 1-37 所示。

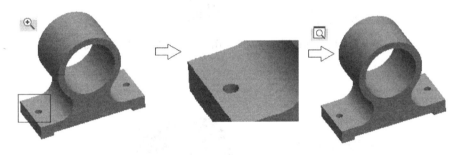

图 1-37 屏幕显示操作

STEP5 重定向视图操作

单击工具栏上的 按钮，显示基准平面。单击【重定向视图】按钮 ，系统便会弹出【方向】对话框，如图 1-38 所示。在【类型】栏里选择【按参照定向】选项，在【参照 1】栏选择【前】选项，然后在绘图区选择 TOP 基准平面，如图 1-39 所示；然后在【参照 2】栏选择【上】选项，再在绘图区选择 RIGHT 基准平面，如图 1-39 所示，完成后，单击【确定】按钮，结果如图 1-40 所示。

图 1-38 【方向】对话框

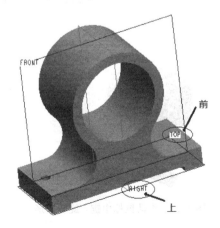
图 1-39 选择基准示意图

STEP 6 鼠标按键的使用

在绘图区单击鼠标左键,可选取图素,如图 1-41 所示;在绘图区使用 Ctrl+左键,可同时选取多个图素,在导航栏使用 Ctrl+左键,可同时选取多个特征,如图 1-42 所示。弹出对话框时,按鼠标中键,即为【确定】。在绘图区滚动鼠标中键,可缩放图形。在绘图区移动鼠标中键,可旋转图形,如图 1-43 所示。在绘图区按 Shift+中键移动,可平移图形,如图 1-44 所示。

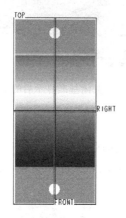
图 1-40 重定向后的视图

图 1-41 鼠标左键:选取图素

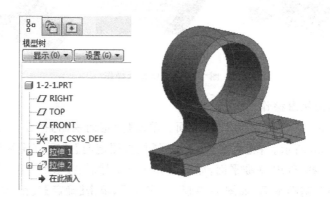
图 1-42 Ctrl+左键:同时选取多个图素

图 1-43 移动鼠标中键:旋转图形

图 1-44 Shift+中键移动:平移图形

任务评价

完成图 1-28 示例的基本操作,根据操作对评价表(见表 1-4)中的内容进行自我评价和老师评价。

表 1-4　项目 1　Pro/E5.0 基础知识　任务 2　综合评价表

班级_____　　　姓名_____　　　学号_____

序号	评价内容	自我评价		
		很好	较好	尚需努力
1	解读任务内容			
2	能灵活进行基准的显示与关闭操作			
3	能够操作各个屏幕显示按钮,并完成重定向视图的操作			
4	能够鼠标按键的功能与使用			
5	在规定时间内完成(建议时间为 15min)			
6	学习能力,资讯能力			
7	分析、解决问题的能力			
8	学习效率,学习成果质量			
	创新、拓展能力			
教师评价意见		综合等级　　　　　　　　　　　教师签名确认		

日期:_____年_____月_____日

归纳梳理

- 熟悉常用工具栏的功能。它以图标的形式直观地表示每个工具的作用,相当于菜单中某些指令的快捷按钮,应学会熟练使用。
- 用户可以根据零件特点,使用【重定向视图】功能,将模型旋转到一个有利于图形观察的视角,然后保存此视图,在以后的图形操作中,可以使用此视图进行观察。
- 鼠标按键的功能要牢固掌握,应熟练进行鼠标各按键的操作。

巩固练习

对如图 1-45 所示的图形进行如下操作
(1) 设置工作目录 MK1,然后打开文件 1-45.prt;
(2) 关闭基准的显示;
(3) 对视图进行放大、全屏操作;
(4) 重定向视图操作。

难度系数★

图 1-45　练习图形

项目 2　基准的创建

基准是特征的一种，它是绘制二维图形和建立三维模型时的重要辅助特征。在 Pro/E5.0 中，可以创建基准平面、基准轴、基准点等。

任务 1　基准面的建立

任务目标

1. 能力目标

- 能够读懂零件图。
- 能够理解基准平面概念。
- 能够使用常用基准平面的创建方法。

2. 职业素养

- 培养严谨认真的工作态度。
- 培养学习能力。
- 培养分析问题和解决问题的能力。

任务内容

如图 2-1 所示为创建的 S1~S4 四个基准平面，S1 是平行一个平面，且与该平面的距离为 25；S2 是穿过一条线并与一个平面成 60°夹角；S3 是穿过一条直线并与另一条直线垂直；S4 是穿过三个点作一个基准平面。用 Pro/E 软件迅速完成基准平面的创建任务。

图 2-1　基准平面示意图

任务分析

基准平面是最重要的基准特征,通常可以选择基准平面来绘制草绘图形,也可以选择基准平面来创建镜像特征。基准平面既可以作为标准尺寸的参考平面,也可以作为视角方向的参考,还可以作为定义组件的参考面。基准平面既可以用来放置标签注释,也可以用来产生剖视图。因此,基准平面在设计过程中是使用最频繁的基准特征。下面学习基准平面的创建。

知识储备

1. 基准平面选项卡

基准平面的使用非常频繁,是最重要的基准特征。打开一个新的零件设计界面时,可以看到 3 个系统默认的基准平面,如图 2-2 所示,也可以使用基准平面工具创建新的基准面。在工具栏上单击【基准平面】按钮 ◻,弹出如图 2-3 所示的对话框。下面主要对每个选项卡的功能进行简单的介绍。

(1)【放置】选项卡

主要用于显示选取的参照和创建平面的方式,其中创建方式有【穿过】、【偏移】、【平行】、【法向】等选项,如图 2-3 所示。

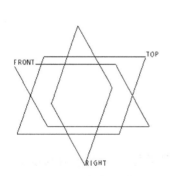

图 2-2 系统默认的基准平面图

图 2-3 【基准平面图】对话框

(2)【显示】选项卡

主要用于调整所创建基准平面的显示大小,如图 2-4 所示。选中【调整轮廓】复选框,激活下面的选项,然后就可以对平面显示的大小进行设置,如图 2-5 所示。

注意:基准面是一个无限扩大的平面,显示的边线并不限制其大小。设置合适的大小可以方便观察。

(3)【属性】选项卡

主要用于设置所要创建基准平面的名称,可以直接在文本框里输入名称,如图 2-6 所示的 S1。

图 2-4 【显示】选项卡

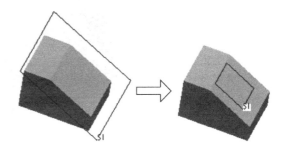

图 2-5 不同轮廓大小显示的基准平面

图 2-6 【属性】对话框

2. 创建常用基准平面方法

① 选择面创建基准平面。
② 选择面＋直线创建基准平面。
③ 选择直线＋直线创建基准平面。
④ 选择点创建基准平面。

常用基准平面的创建方法,在下面任务实施会详细讲解。

任务实施

1. S1 基准平面的创建

STEP 1 打开零件

单击工具栏上的【打开】按钮,弹出【文件打开】对话框,选择零件 2-7.prt,并打开此零件,结果如图 2-7 所示。

图 2-7 示例零件

STEP 2 选择已知平面创建 S1 基准平面

通过选择一个已有的平面来创建一个与此面平行的基准平面,操作过程如图 2-8 所示。单击工具栏中按钮 ⟋,弹出【基准平面】面板。先选需要平行的平面,再在【基准平面】面板中【放置】选项的平行栏中输入 25,在【属性】选项的【名称】栏中输入 S1。单击【基准平面】对话框的【确定】,完成基准面 S1 创建。

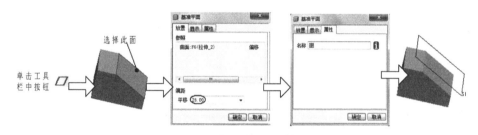

图 2-8 S1 基准平面的创建示意图

2. S2 基准平面的创建

STEP 3 选择面＋直线创建基准平面 S2

基准平面是通过直线并与某一平面成一定的角度来创建基准平面,单击工具栏中按钮 ⟋,弹出【基准平面】面板。首先单击线 L1,按住 Ctrl 键同时再单击平面 S1,输入旋转角度为 60°后,单击基准平面对话框的【属性】选项,在【名称】栏中输入 S2,单击【基准平面】对话框的【确定】,完成基准面 S2 创建,整个操作过程如图 2-9 所示。

图 2-9 S2 基准平面的操作过程

3. S3 基准平面的创建

STEP 4　选择直线+直线的方法创建基准平面 S3

基准平面 S3 的创建可以通过选择两条直线或轴线来创建基准平面,当选择的两条直线不在同一平面内时,可以选择直线为【穿过】或【法向】。

单击工具栏中按钮 ⌿ ,弹出【基准平面】面板。单击棱边 L1,按住 Ctrl 键的同时单击棱边 L2,再单击基准平面对话框的【属性】选项,在【名称】栏中输入 S3,最后单击【基准平面】对话框的【确定】按钮,完成 S3 基准面的操作。整个创建过程如图 2-10 所示。

图 2-10　S3 基准平面的操作过程

4. S4 基准平面的创建

STEP 5　选择点创建基准平面

基准平面 S4 的创建可以通过 3 点来创建基准平面,单击工具栏中按钮 ⌿ ,弹出【基准平面】面板。先单击点 P1,按住 Ctrl 键,再单击 P2 和 P3 两点,单击【基准平面】对话框的【属性】选项,在【名称】栏中输入 S4,最后单击【基准平面】对话框的【确定】按钮,完成 S4 基准面的操作。整个操作过程如图 2-11 所示。

图 2-11　S4 基准平面的操作过程

STEP 6　保存文件

完成以上所有操作后,单击【保存】按钮 📄 进行文件的保存。

任务评价

完成图 2-1 所示基准平面创建,根据操作对评价表(见表 2-1)中的内容进行自我评价和老师评价。

表 2-1　项目 2　基准的创建　任务 1　综合评价表

班级_____　　　姓名_____　　　学号_____

序号	评价内容	自我评价		
		很好	较好	尚需努力
1	解读任务内容			
2	正确使用基准平面的操作方法			
3	清楚理解基准平面的概念			
4	在规定时间内完成(建议时间为 20min)			
5	学习能力,资讯能力			
6	分析、解决问题的能力			
7	学习效率,学习成果质量			
8	创新、拓展能力			
教师评价意见		综合等级		
		教师签名确认		

日期:_____年_____月_____日

归纳梳理

◆ 创建基准平面大小可以在【基准平面】面板的显示选项卡设置;
◆ 创建的基准平面可以在【基准平面】面板的【属性】选项卡中改变名称。

巩固练习

打开如图 2-12 所示的模型 2-12.prt,按以下要求创建基准平面。

1. 选择平面 S1,创建偏移距离为 60 的基准平面。
2. 通过 P1、P2、P3,创建基准平面。
3. 通过直线 L1,并与平面 S2 成 30°夹角的基准平面。
4. 通过直线 L1 和直线 L2,创建一个基准平面。

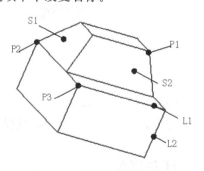

图 2-12　创建基准面练习图

任务2 基准轴的建立

任务目标

1. 能力目标

- 能够读懂零件图。
- 能够使用基准轴的创建方式。
- 能够使用常用基准轴的创建方法。

2. 职业素养

- 培养严谨认真的工作态度。
- 培养学习能力。
- 培养分析问题和解决问题的能力。

任务内容

如图 2-13 所示,创建 A1、A2、A3、A4 基准轴的任务。A1 过圆弧(曲面)或圆柱而创建的基准轴;A2 是过一条直线(棱线)创建的基准轴;A3 是过两点创建的基准轴;A4 选择平面创建的基准轴。

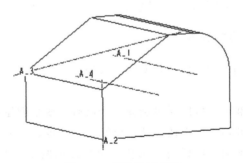

图 2-13 基准轴示意图

任务分析

基准轴与任务 1 讲述的基准平面一样也可以作特征创建的参照,尤其是对制作基准平面、同轴放置项目和创建轴阵列特别有用。基准轴与特征轴不同,基准轴是单独的特征,可以被重定义、隐含、删除。

知识储备

1. 基准轴创建过程

创建基准轴的基本过程如下。

（1）单击【基准】工具栏中的 按钮或选择【插入】→【模型基准】→【轴】，系统打开【基准轴】对话框，如图 2-14 所示。

（2）在模型中选取基准轴的参照，选定的参照出现在【参照】收集器中，并设置约束类型，约束类型有两种：法向和穿过，如图 2-15 所示。

图 2-14 【基准轴】对话框　　　　　　图 2-15 选择参照并设置约束类型

（3）如果使用两个参照来建立基准轴，需要按住 Ctrl 键选取第二个参照。

（4）完成后，单击【基准轴】对话框中的【确定】按钮就可以创建一个新的基准轴。

2. 常用的几种创建基准轴的方式

（1）选择圆柱曲面创建基准轴。可以通过选择一个已有的圆角或圆柱曲面来创建基准轴。

（2）选择直线创建基准轴。可以通过选择一个已有边线来创建基准轴。

（3）选择两点创建基准轴。可以通过选择已知两点来创建基准轴。

（4）选择平面创建基准轴。可以通过选择一个平面和两个参照平面来创建基准轴，也可以两个平面的交线来创建基准轴。

任务实施

1. A1 基准轴的创建

STEP1 打开文件

单击工具栏上的【打开】按钮，弹出【文件打开】对话框。选择零件 2-13.prt，并打开此零件，结果如图 2-16 所示。

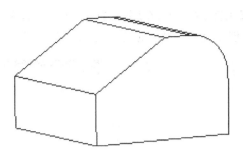

图 2-16 示例零件

STEP 2 选择曲面或圆柱面创建 A1 基准轴

通过选择一个已有的圆角或圆柱曲面来创建基准轴。单击【基准轴】按钮 ，出现【基准轴】对话框。选择曲面 S1，完成后，单击【基准轴】对话框的【属性】选项，在【名称】栏输入 A1，再单击【基准轴】对话框的【确定】按钮，基准轴 A1 创建完毕。整个操作过程如图 2-17 所示。

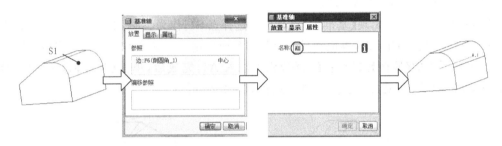

图 2-17 A1 基准轴的创建作过程

2. A2 基准轴的创建

STEP 3 选择直线创建基准轴 A2

单击基准轴按钮 ，出现【基准轴】对话框。选择棱边 L1，然后单击【基准轴】对话框的【属性】选项卡，单击【基准轴】对话框的【窗性】选项，在【名称】栏输入 A2，完成后，单击【基准轴】对话框的【确定】按钮，基准轴 A2 创建完毕。整个操作过程如图 2-18 所示。

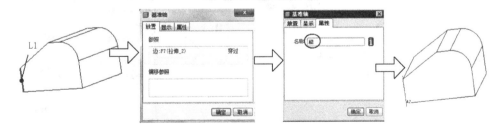

图 2-18 A2 基准轴的创建过程

3. A3 基准轴的创建

STEP 4 选择两点的方法创建基准轴 A3

单击基准轴按钮 ，弹出【基准轴】对话框。选择点 P1，按住 Ctrl 键，单击另一个点 P2，然后单击【基准轴】对话框的【属性】选项卡,在【名称】栏中输入 A3,完成后,单击【基准轴】对话框的【确定】按钮,基准轴 A3 创建完毕。整个创建过程如图 2-19 所示。

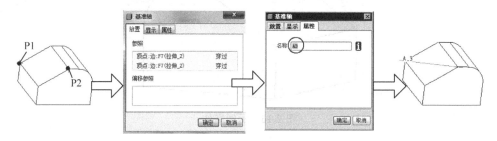

图 2-19 A3 基准轴的创建过程

4．P4 基准平面的创建

STEP 5　选择平面创建基准轴

单击基准轴按钮 ,出现【基准轴】对话框。选择点 S1,作为参照,拖动一个偏移参照控制图柄拖到 S1 面,按住 Ctrl 键,再拖动另一个偏移参照控制图柄拖到 S2 面,修改参数,然后单击轴】平面对话框的【属性】选项,在【名称】栏中输入 A4,完成后,单击【基准轴】对话框的【确定】按钮,基准轴 A4 创建完毕。整个创建过程如图 2-20 所示。

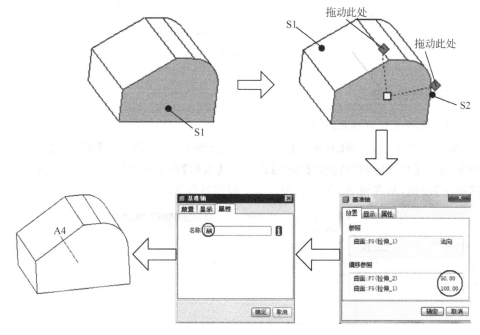

图 2-20 A4 基准轴的操作过程

STEP 6　保存文件

完成以上所有操作后,单击【保存】按钮 进行文件的保存。

任务评价

完成图 2-13 所示基准轴创建,根据操作对评价表(见表 2-2)中的内容进行自我评价和老师评价。

表 2-2　项目 2　基准的创建　任务 2　综合评价表

班级_____　　姓名_____　　学号_____

序号	评价内容	自我评价		
		很好	较好	尚需努力
1	解读任务内容			
2	正确使用基准轴的操作方法			
3	清楚理解基准轴的概念			
4	在规定时间内完成(建议时间为 15min)			
5	学习能力,资讯能力			
6	分析、解决问题的能力			
7	学习效率,学习成果质量			
8	创新、拓展能力			
教师评价意见		综合等级		
		教师签名确认		

日期:_____年_____月_____日

归纳梳理

◆ 学习了基准轴的创建后,知道如何输入我们需要的基准轴的名称。
◆ 基准轴创建的常用方法,必须灵活运用,为以后学习的内容奠定基础。

巩固练习

打开如图 2-21 所示的模型 2-20.prt,按以下要求创建基准轴。

1. 选择曲面 S2,创建基准轴。
2. 通过 P1、P2 两点,创建基准轴。
3. 通过边线 L1 创建基准轴。
4. S1 面作为参照,面 S3 和面 S4 作为偏移参照,参数分别为 80 和 50。

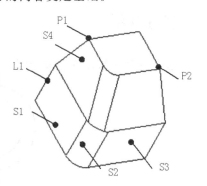

图 2-21　基准轴创建练习题

项目 3　草 绘 设 计

草绘图形是创建实体特征的基础,为以后的学习打下基础。本项目主要介绍 Pro/E5.0 草图绘制的基本命令和方法,涉及的内容有直线、圆、圆弧、平行四边形的等绘图工具,倒圆角、倒角、剪切等编辑修改工具,还有文本工具、约束工具、调色板工具、尺寸标注工具、尺寸修改工具、镜像等工具的应用。本项目通过 4 个任务和 12 巩固练习,学习草绘环境、草绘画图、草图标注、几何约束以及草图编辑等一系列工具的操作方法和应用技巧。

任务 1　连　轴　板

任务目标

1. 能力目标

- 能够读懂零件图。
- 能够进入草图绘制环境。
- 能够使用直线、圆、倒角、倒圆角等工具。
- 能够学会草绘图形的一般操作步骤。

2. 职业素养

- 培养严谨认真的工作态度。
- 培养学习能力。
- 培养分析问题和解决问题的能力。

任务内容

通过用 Pro/E 软件完成如图 3-1 所示为连轴板的草图绘制。

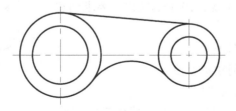

图 3-1　连轴板草绘图形

任务分析

为了使本任务能顺利完成,必须要了解创建草绘图形的一般操作步骤,学会直线、圆和倒圆角的绘图工具的使用。

知识储备

1. 草绘进入环境

在主菜单上选择【文件】→【新建】命令或单击工具栏中的【新建】按钮,弹出【新建】对话框。选择【草绘】类型,并输入文件名称,完成后,单击【确定】按钮,进入草绘模块环境。

2. 创建草绘图形的一般操作步骤

创建草绘图的一般步骤如下:
(1) 使用绘制工具,如直线,圆弧等命令绘制基本图素。
(2) 使用约束命令,确定图形的位置关系。
(3) 使用修剪命令,将多余图素进行修剪。
(4) 根据已知图形尺寸,修改尺寸以达到要求。整个操作过程如图 3-2 所示。

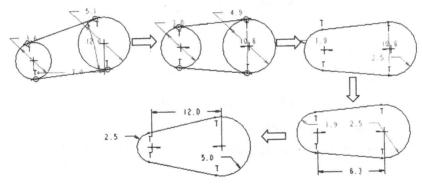

图 3-2 草绘创建步骤

3. 直线绘制

(1) 两点直线。单击 ╲ 按钮,选择两个点创建直线。

(2) 公切线。单击 ╲ 按钮,选择两个圆或圆弧,便可创建两圆(或圆弧)的公切线,如图 3-3 所示。

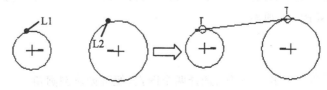

图 3-3 公切线的创建

注意：用户在选择图素时，选择的位置对生成的公切线有很大的影响，切点位置将在选择点附近，如图 3-4 所示。

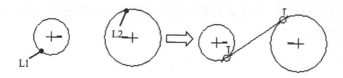

图 3-4 选择位置对公切线的影响

（3）中心线。单击 ┆ 按钮，选择两点便可创建中心线，绘制中心线以虚线表示，并且是无限长的线。

4．圆的绘制

（1）圆心＋点。单击 ○ 按钮，选择圆心位置，再移动鼠标至适当的位置，选择圆周上的点。

（2）同心圆。单击 ◎ 按钮，选择同心的圆或圆弧，再移动鼠标至适当的位置，选择圆周上的点，操作过程如图 3-5 所示。

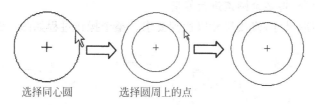

图 3-5 同心圆的创建

（3）三点圆。单击 ○ 按钮，选择圆周上的 3 个点，便可创建圆。

（4）三切圆。单击 ○ 按钮，选择相切的 3 个图素，便可创建圆。

（5）轴端点椭圆。单击 ⌀ 按钮，选择椭圆上一点，再移动鼠标至椭圆另一点，单击左键，如图 3-6 所示。

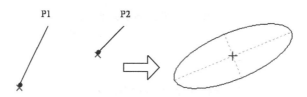

图 3-6 椭圆的创建

（6）中心＋轴端点椭圆。单击 ⌀ 按钮，选择椭圆中心点，再移动鼠标至适当的位置，选择椭圆上的点，如图 3-7 所示。

5．圆角

（1）倒圆角。单击 ┕ 按钮，选择两个图素，便可创建倒圆角。

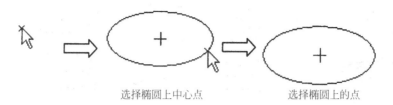

选择椭圆上中心点　　　　选择椭圆上的点

图 3-7　椭圆的创建

（2）倒椭圆角。单击按钮，选择两个图素，便可创建倒椭圆角。

注意：在工程图中倒椭圆角运用较少，初学者常常会选错工具。

任务实施

连轴板的草绘步骤如下所示。

STEP 1　设置工作目录

在创建草绘之前，先设定工作目录。在主菜单栏中选择【文件】→【设置工作目录】→【新建目录】→输入文件夹名称（zhaochun）→单击【确定】→单击【确定】，如图 3-8 所示。

图 3-8　设置工作目录

STEP 2　选择新建文件

在主菜单上选择【文件】→【新建】命令或单击工具栏中的【新建】按钮，弹出【新建】对话框。选择【草绘】类型，并输入文件名称 3-1，如图 3-9 所示。去掉【使用缺省模块】的选中状态，完成后，单击【确定】按钮。进入草绘环境，如图 3-10 所示。这时关掉【尺寸显示】按钮（即【尺寸显示】按钮弹起）。

STEP 3 绘制中心线

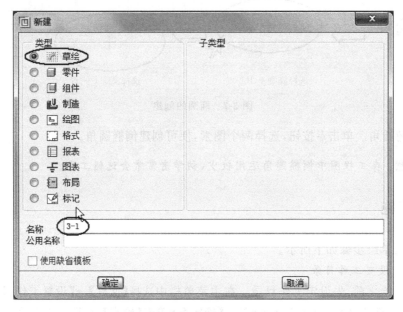

图 3-9 【新建】对话框

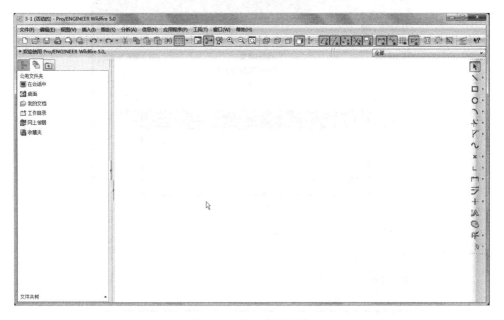

图 3-10 进入草绘环境

在工具栏中单击【中心线】按钮 ，绘制 2 条垂直（系统默认 V 为垂直线）的和 1 条水平（系统默认 H 为水平线）的中心线，如图 3-11 所示。

STEP 4 绘制圆

在工具栏中单击【圆】按钮 ，在两中心线的交点位置画出如图 3-12 所示的 4 个圆。

STEP 5　绘制公切线

在工具栏中单击【公切线】按钮 ，左键单击需公切的两个圆弧,画出 1 条公切线,如图 3-13 所示。

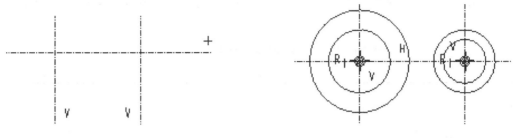

图 3-11　绘制中心线　　　　　　　　　图 3-12　圆的绘制

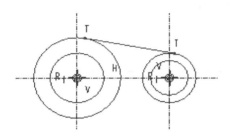

图 3-13　公切线的绘制

注意:单击两个圆的位置不同,公切线的位置也不同。

STEP 6　弧连接

在工具栏中单击【圆角】按钮 ,再单击需弧连接的两个圆弧,如图 3-14 所示。完成整个连轴板的草绘图形。

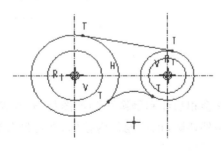

图 3-14　弧连接

注意:单击圆弧的位置不同所得到的圆弧也不同,可能产生外切圆和内接圆弧两种。

STEP 7　保存文件

完成以上所有操作后,单击【保存】按钮 进行文件保存。

任务评价

完成图 3-1 所示连轴板的草绘,根据操作对评价表(见表 3-1)中的内容进行自我评价和老师评价。

表 3-1　项目 3　草绘基础　任务 1　综合评价表

班级_____　　姓名_____　　学号_____

序号	评价内容	自我评价		
		很好	较好	尚需努力
1	解读任务内容			
2	连轴板草绘的准确、快速			
3	能灵活运用圆、圆角、直线工具			
4	在规定时间内完成(建议时间为 8min)			
5	学习能力,资讯能力			
6	分析、解决问题的能力			
7	学习效率,学习成果质量			
8	创新、拓展能力			
教师评价意见			综合等级	
			教师签名确认	

日期:_____年_____月_____日

归纳梳理

◆ 通过连轴板的草绘,学会相切线和倒圆角的绘图技巧,在弧连接中要注意单击圆的位置,不同的位置可能是外切圆,也可能是内接圆,在绘制公切线时,也要注意单击圆的位置,否则公切线的位置也不同。

巩固练习

1. 草绘如图 3-15 所示的图形。　　　　　　　　　　　　　　　　　难度系数★
2. 草绘如图 3-16 所示的图形。　　　　　　　　　　　　　　　　　难度系数★★
3. 草绘如图 3-17 所示的图形。　　　　　　　　　　　　　　　　　难度系数★★★

项目 3 草绘设计

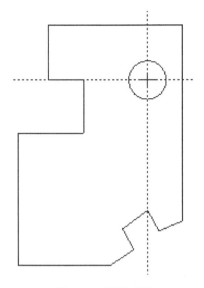

图 3-15 习题 1 图

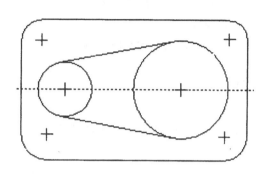

图 3-16 习题 2 图

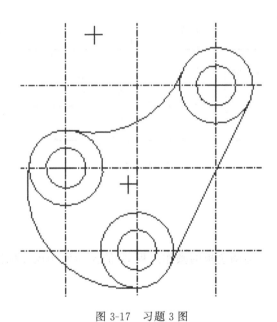

图 3-17 习题 3 图

任务 2 扳　　手

任务目标

1. 能力目标

- 能够读懂零件图。

- 能够使用调色板工具。
- 能够使用标注、尺寸修改、修剪等工具。
- 能够灵活运用直线、圆、倒圆角等工具。

2. 职业素养

- 培养认真负责的工作态度。
- 培养资讯能力。
- 培养分析问题和解决问题的能力。

任务内容

画出如图 3-18 所示为扳手的草绘图。

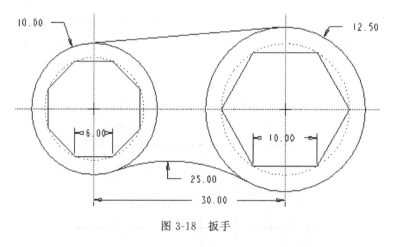

图 3-18 扳手

任务分析

通过本任务的学习,学会调色板的操作过程,并能灵活使用尺寸标注、尺寸修改工具,迅速绘画公切线和弧连接。

知识储备

1. 调色板工具

(1) 调色板介绍

调色板命令提供了各种各样的图形,只要进行调用便可对常用图形进行绘制。单击【调色板】按钮 ,弹出【草绘器调色板】对话框,如图 3-19 所示。主要有【多边形】、【轮廓】、【形状】和【星形】选项卡,如图 3-20 所示,可以根据绘图需要,选择不同的图形。

(2) 调色板的操作过程

下面以绘制十边形为例,对调色板的操作过程进行介绍。

图 3-19 【草绘器调色板】对话框

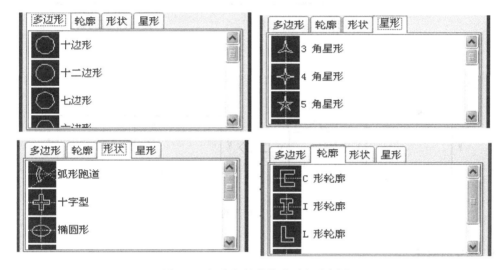

图 3-20 调色板的其他选项卡示意图

① 单击【调色板】按钮，弹出【草绘器调色板】对话框。
② 选择【多边形】选项卡，并双击【十边形】。
③ 在绘图区选择合适的位置放置图形。
④ 弹出【放置缩放】对话框，设置比例大小和旋转角度；完成后，单击【确定】按钮，整个操作过程如图 3-21 所示。

2. 约束工具

约束工具主要设定图素之间的关系，如相切、水平、垂直等。单击【约束】按钮，弹出【约束】对话框，如图 3-22 所示。这里主要讲解【对齐】约束。

【对齐】约束按钮 主要用于将两条线或两个点对齐，其【对齐】符号用"━━ ━━"表示，左键单击按钮，再单击线段 L1 和 L2，结果如图 3-23 所示。

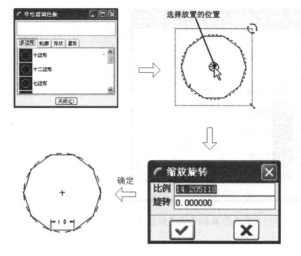

图 3-21　调色板的操作过程　　　　　图 3-22　【约束】对话框

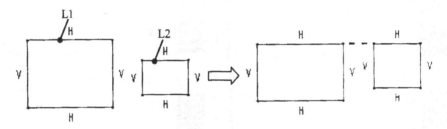

图 3-23　对齐约束

3. 尺寸的标注

当完成图形的绘制后,系统将自动标注尺寸,但这些尺寸往往不符合我们的需要,因此,还需要对尺寸进行标注。在尺寸标注时,单击【尺寸标注】按钮 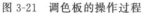,再通过鼠标左键选取标注的图素,然后用鼠标指定尺寸摆放的位置,最后单击鼠标中键,完成尺寸的标注。下面主要对不同图素的尺寸标注方式进行介绍。

（1）直线的标注

① 线段长度的标注。通过鼠标左键选取标注的直线,再用鼠标指定尺寸摆放的位置,然后再单击鼠标中键,完成尺寸的线段长度,如图 3-24 所示。

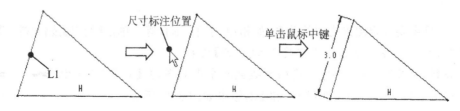

图 3-24　线段的标注

② 点到线的标注。通过鼠标左键选取一个点和一条直线来标注尺寸,再用鼠标指定尺寸摆放的位置,然后单击鼠标中键,如图 3-25 所示。

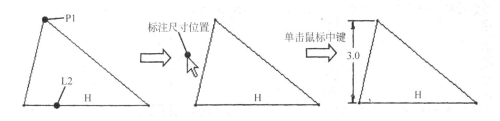

图 3-25　点到直线的标注

③ 线到线的标注。通过鼠标左键选取两条直线来标注尺寸,再用鼠标指定尺寸摆放的位置,然后再单击鼠标中键,如图 3-26 所示。

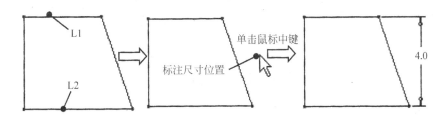

图 3-26　线到线的标注

④ 点到点的标注。通过鼠标左键选取两个点来标注尺寸,再用鼠标指定摆放的位置,然后单击鼠标中键,如图 3-27 所示。

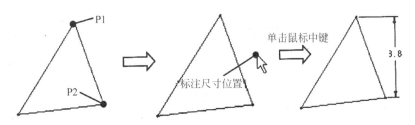

图 3-27　点到点的标注

(2) 圆或圆弧的标注

① 半径的标注。通过鼠标左键选取标注的圆或圆弧,再用鼠标指定尺寸摆放的位置,然后再单击鼠标中键,完成半径的标注,如图 3-28 所示。

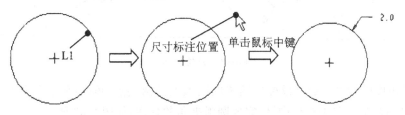

图 3-28　半径的标注

② 直径的标注。通过鼠标左键双击圆或圆弧,再用鼠标指定尺寸摆放的位置,然后再单击鼠标中键,完成直径的标注,如图3-29所示。

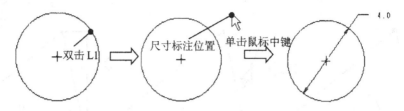

图3-29 直径的标注

③ 圆与圆的标注。通过鼠标左键双击圆或圆弧,再用鼠标指定尺寸摆放的位置,然后再单击鼠标中键,弹出菜单,提示标注水平还是垂直的尺寸,操作过程如图3-30所示。

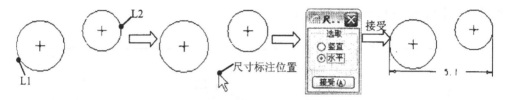

图3-30 圆与圆的标注

(3) 角度的标注

① 两线夹角的标注。通过鼠标左键选取两线段,再用鼠标指定尺寸摆放的位置,然后再单击鼠标中键,完成夹角的标注,如图3-31所示。

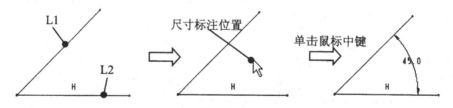

图3-31 两线夹角的标注

💣 **注意**:在标注夹角的角度时,如果移动鼠标的位置不同,将产生不同的标注形式,如图3-32所示。

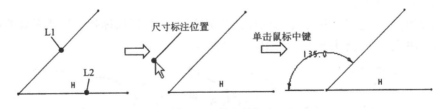

图3-32 补角的标注

② 圆弧角度的标注。通过鼠标左键选取圆弧上的两端点,再选择圆弧,然后用鼠标指定尺寸摆放的位置,最后单击鼠标中键,完成圆弧夹角的标注,如图3-33所示。

图 3-33 圆弧角度的标注

4. 尺寸的修改

当完成二维图素的绘制以及尺寸的标注后,往往这些尺寸的大小不符合要求,因此,还需要对尺寸的大小进行修改。在尺寸修改时,首先要选中需要修改的尺寸,此尺寸可以是一个也可以是多个,完成后,单击【修改尺寸】按钮 ,弹出如图 3-34 所示【修改尺寸】对话框。下面主要对【修改尺寸】对话框进行介绍。

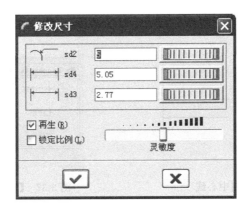

图 3-34 【修改尺寸】对话框

(1) 再生

在默认状态下,【再生】复选框是被选中的,表示修改一个尺寸时,绘图区的图形随尺寸的改变会马上发生变化;如果不选中,表示修改完所有的尺寸后,单击【确定】按钮后,绘图区的图形随尺寸的改变才发生变化。

注意:在修改尺寸时,最好不选中【再生】复选框,以免尺寸变化过大看不清修改的尺寸,使尺寸修改再生失败。

(2) 锁定比例

在默认状态下,【锁定比例】复选框是不选中的,表示修改一个尺寸时,绘图区的再生图形不按照比例生成,如图 3-35 所示。

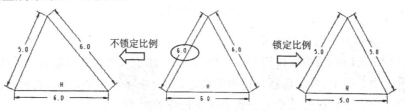

图 3-35 锁定比例选项含义

任务实施

以下介绍如图 3-18 所示扳手的草绘步骤。

STEP 1　绘制中心线

单击工具栏中的【中心线】按钮 ，绘制如图 3-36 所示中心线。

STEP 2　选择调色板命令

单击工具栏上的【调色板】按钮 。

STEP 3　选择六边形

弹出【草绘器调色板】对话框，选择【多边形】选项卡，并双击【六边形】选项，如图 3-37 所示。

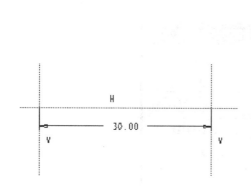

图 3-36　绘制中心线

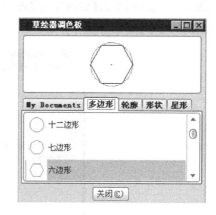

图 3-37　【草绘器调色板】对话框

STEP 4　生成六边形

在绘图区选择合适的位置放置图形，弹出【放置缩放】对话框。按默认参数设置，完成后，单击【确定】按钮，如图 3-38 所示。

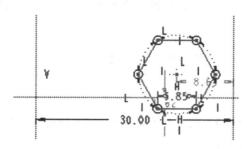

图 3-38　创建的六边形

STEP 5　六边形放置到正确位置

单击工具栏中的【对齐】约束按钮 ，选择六边形的圆心，然后选择垂直中心线，此时六边形的圆心在垂直中心线上，再次选择六边形的圆心，然后选择水平中心线，此时六边形的圆心到水平中心线和垂直中心线的交点上。整个操作过程如图 3-39 所示。

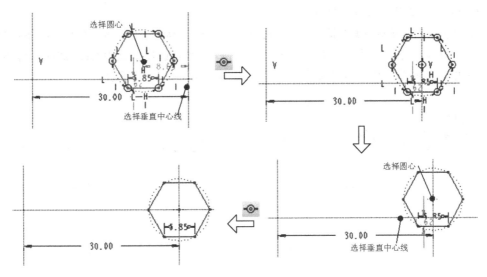

图 3-39 六边形位置的放置过程

STEP 6 修改尺寸

双击尺寸数字,再修改尺寸为 10,操作过程如图 3-40 所示。

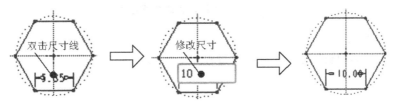

图 3-40 修改尺寸

STEP 7 选择调色板命令、选择八边形

单击工具栏上的【调色板】按钮 ◎。

弹出【草绘器调色板】对话框。选择【多边形】选项卡,并双击【八边形】选项。在绘图区选择合适的位置放置图形,弹出【放置缩放】对话框,按默认参数设置,完成后,单击【确定】按钮,如图 3-41 所示。

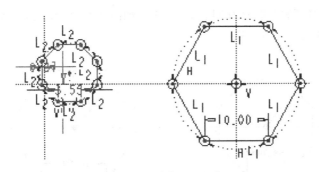

图 3-41 创建的八边形

STEP 8 八边形放到正确位置

单击工具栏中的【对齐】约束按钮 ⊙ ,再选择八边形的圆心,然后选择水平中心线,此时八边形的圆心在水平中心线上。再次选择八边形的圆心,然后选择垂直中心线,此时八边形的圆心到水平中心线和垂直中心线的交点上。整个操作过程如图 3-42 所示。

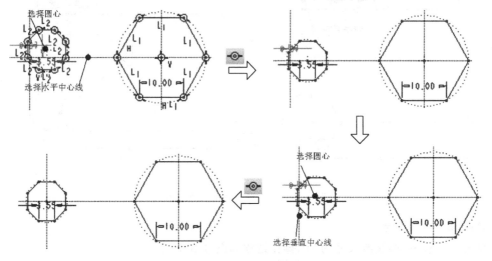

图 3-42 六边形位置的放置过程

STEP 9 修改尺寸

双击尺寸数字,再修改尺寸为 6,操作过程如图 3-43 所示。

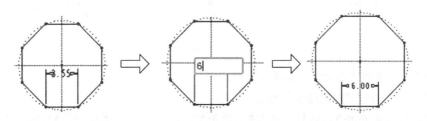

图 3-43 修改尺寸操作过程

STEP 10 绘制圆

单击工具栏上的【圆】按钮,选择圆心 L1 和 L2,如图 3-44 所示。绘制两圆,然后分别修改半径尺寸为 10、12.5,如图 3-45 所示。

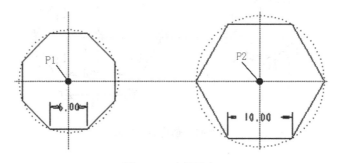

图 3-44 选择圆心

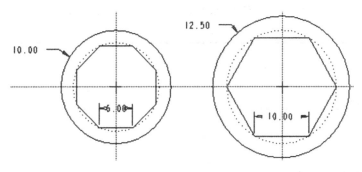

图 3-45 绘制圆

STEP 11　画公切线

单击工具栏上的【公切线】按钮 ，选择圆弧 L1、L2，整个操作过程如图 3-46 所示。

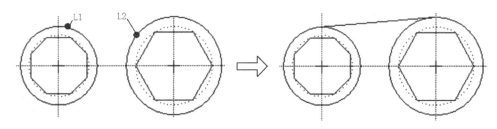

图 3-46 绘制公切线示意图

STEP 12　倒圆角

单击工具栏上的【倒圆角】按钮 ，选择圆弧 L1 和 L2，完成后，再修改圆角尺寸 25，操作过程如图 3-47 所示。

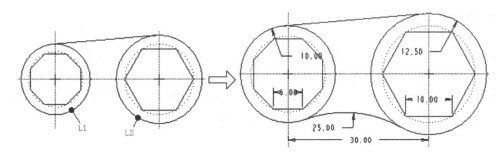

图 3-47 倒圆角操作

STEP 13　保存文件

完成以上所有操作后，单击【保存】按钮 进行文件的保存。

任务评价

根据图 3-18 所示扳手，根据操作对评价表(见表 3-2)中的内容进行自我评价和老师评价。

表 3-2　项目 3　草绘基础　任务 2　综合评价表

班级_____　　　姓名_____　　　学号_____

序号	评价内容	自我评价		
		很好	较好	尚需努力
1	解读任务内容			
2	灵活运用调色板工具			
3	灵活运用尺寸标注、尺寸修改工具、修剪工具			
4	在规定时间内完成(建议时间为10min)			
5	学习能力,资讯能力			
6	分析、解决问题的能力			
7	学习效率,学习成果质量			
8	创新、拓展能力			
教师评价意见		综合等级		
		教师签名确认		

日期：_____年_____月_____日

归纳梳理

◆ 在绘制正六边形时,可以用【调色板】工具,也可以用【直线】+【约束】工具进行绘制,这样比较烦琐,而用【调色板】工具绘图的效率较高。

◆ 在绘制板手的 R25 弧时,可选用【倒圆角】工具。在单击两个圆的不同位置,所得到的效果不一样,如果单击两个圆的外侧,则得到内接圆弧。

巩固练习

1. 草绘如图 3-48 所示的图形。　　　　　　　　　　　　　　　　　　难度系数★
2. 草绘如图 3-49 所示的图形。　　　　　　　　　　　　　　　　　　难度系数★★
3. 草绘如图 3-50 所示的图形。　　　　　　　　　　　　　　　　　　难度系数★★★

项目 3 草绘设计

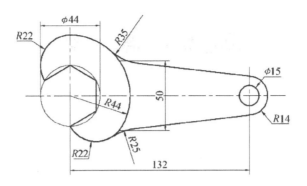

图 3-48 扳手

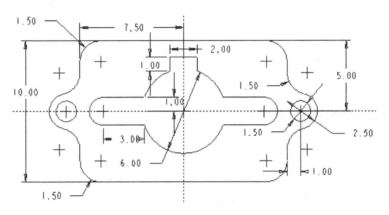

图 3-49 盖板

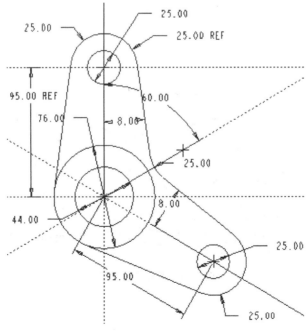

图 3-50 拨叉

任务 3　滑　　杆

任务目标

1. 能力目标

- 能够读懂零件图。
- 能够使用圆弧画法,修剪、镜像等编辑工具。
- 能够灵活使用直线、圆、圆角等工具。

2. 职业素养

- 培养严谨认真的工作态度。
- 培养学习能力。
- 培养分析问题和解决问题的能力。

任务内容

通过用 Pro/E 软件完成如图 3-51 所示为滑杆的草图绘制。

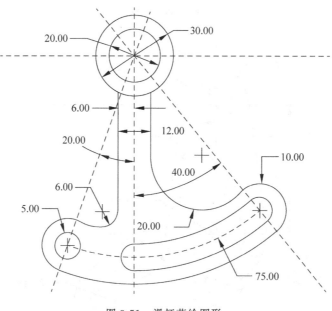

图 3-51　滑杆草绘图形

任务分析

为了使本任务能顺利完成,需要运用直线、圆、圆弧、圆角、修剪、标注尺寸、修改尺寸、镜像等工具。

知识储备

1. 圆弧

(1) 三点弧。单击 按钮,单击左键选择圆弧上的两端点,再移动鼠标至适当的位置,单击左键选择第三个点。

(2) 同心圆弧。单击 按钮,单击左键选择同心的圆或圆弧,再移动鼠标单击左键选择起始点和终止点。

(3) 圆心端点弧。单击 按钮,单击左键选择圆心位置,再移动鼠标单击左键选择起始点和终止点。

(4) 三切圆弧。单击 按钮,再单击左键选择相切的 3 个图素,便可创建圆弧。

2. 修剪工具

(1) 动态修剪。动态修剪命令主要用于删除选中的线段,单击按钮 ,然后单击要删的线段,就会把线段删除。其操作过程如图 3-52 所示。

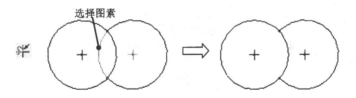

图 3-52 动态修剪操作

注意:如果按住鼠标左键,再进行拖动,其轨迹只要与已有图素相交,便会删除这些图素,如图 3-53 所示。

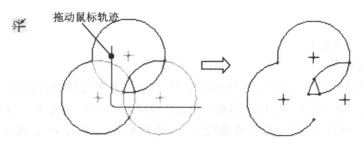

图 3-53 拖动方式修剪

（2）剪切/延伸。剪切/延伸命令主要用于延伸并修剪图素。单击 按钮，再单击 按钮，然后单击两线段即可。其操作过程如图 3-54 所示。

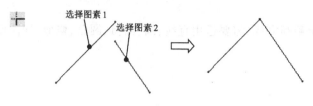

图 3-54　剪切/延伸操作

（3）打断。打断命令主要将已有图素分割为两段。其操作过程如图 3-55 所示，先单击 按钮，再选取要分割的线段。

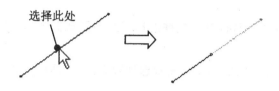

图 3-55　打断操作

3. 镜像

镜像命令以某一轴线为镜子反射图素。选中要镜像的图素，在工具栏单击【镜像】按钮 ，再单击中心线。其操作过程如图 3-56 所示。

图 3-56　镜像操作

注意：只有选中了图素，镜像命令才起作用。在镜像图形时，镜像线必须是中心线。

任务实施

滑杆的草绘步骤如下所示。

STEP 1　绘制中心线

单击【中心线】按钮 ，绘制中心线如图 3-57 所示。在图的四条直线中，单击中心线 L1 和 L2，再在合适位置单击中键，标注角度尺寸，然后修改角度尺寸为 20°。同理单击中心线 L2 和 L3，在合适位置单击中键，标注角度尺寸，修改角度尺寸为 40°。操作过程如图 3-58 所示。

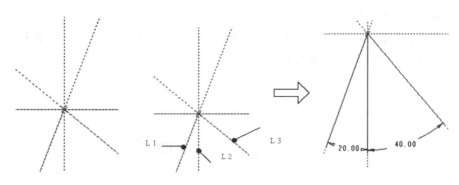

图 3-57 绘制中心线　　　　　　　图 3-58 修改中心线的角度

STEP 2 绘制圆和圆弧

单击【显示尺寸】按钮，关闭尺寸显示。单击工具栏中【圆】按钮○，绘制两个圆，再单击工具栏中的【圆心端点弧】按钮，以刚才画的两圆的圆心为圆心，画出圆弧，结果如图 3-59 所示。

STEP 3 绘制下滑杆的五个圆

单击工具栏中【圆】按钮○，以 P1、P2、P3 交点处画 5 个圆，结果如图 3-60 所示。

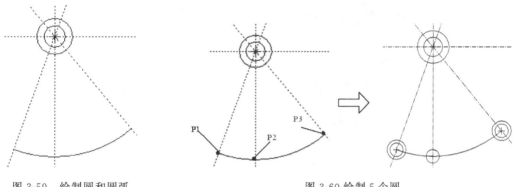

图 3-59 绘制圆和圆弧　　　　　　　图 3-60 绘制 5 个圆

STEP 4 绘制圆弧

在工具栏中单击【圆心端点弧】按钮，以中心线交点作为圆心绘制圆弧，如图 3-61 所示。

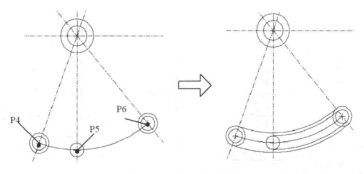

图 3-61 圆弧的绘制

STEP 5 绘制中间杆

单击【两点直线】按钮 ＼，绘制如图 3-62 所示直线 L4。单击直线 L4，再单击【镜像】按钮 ▮▮，最后单击中心线 L5，完成中间杆的绘制，如图 3-63 所示。

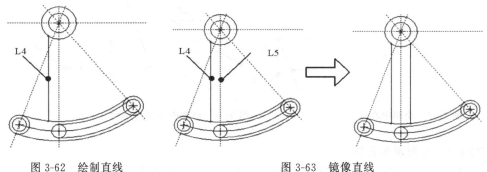

图 3-62　绘制直线　　　　　　图 3-63　镜像直线

STEP 6 倒圆角

单击工具栏中的【倒圆角】按钮 ┴，再单击曲线 P7 和直线 P8、直线 P9 和曲线 P10、曲线 P11 和直线 P12、直线 P13 和曲线 P14，创建如图 3-64 所示各处的圆角。

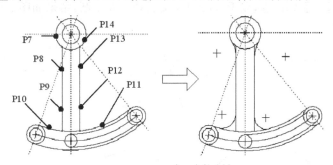

图 3-64　倒圆角的绘制

STEP 7 实线改成中心线

单击弧 L6 使之变红，鼠标不动，再单击右键，出现快捷菜单选择【构建】命令，完成实线改为中心线的操作。整个操作过程如图 3-65 所示。

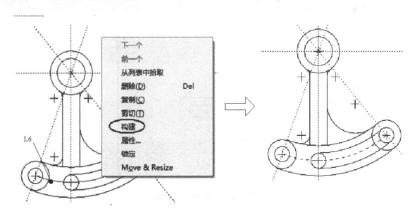

图 3-65　实线改为中心线

STEP 8 标注尺寸

在工具栏中单击【尺寸标注】按钮，按照图 3-51 所示的尺寸重新标注，如图 3-66 所示。

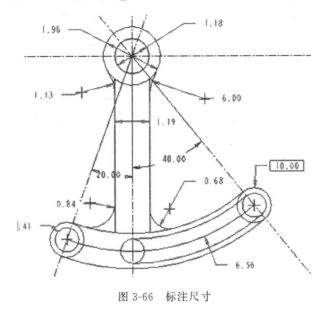

图 3-66 标注尺寸

STEP 9 修改尺寸

单击【尺寸修改】按钮，按照图 3-51 所示的尺寸数值进行修改，完成对滑杆的尺寸的修改，整个操作过程如图 3-67 所示。

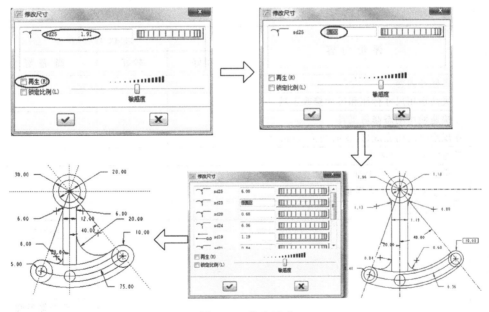

图 3-67 修改尺寸

STEP 10 修剪图形

单击【动态修剪】按钮，选取图形中多余的直线和圆弧将其修剪，最终完成如图 3-68 所示的图形，结束滑杆的草图绘制。

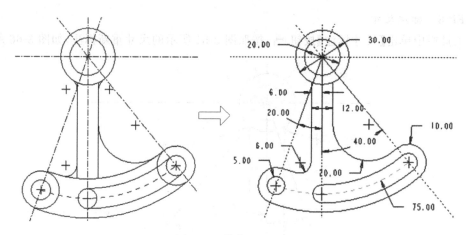

图 3-68　修剪后的图形

STEP 11　保存文件

完成以上所有操作后，单击【保存】按钮 进行文件的保存。

任务评价

完成图 3-51 所示滑杆的草绘，根据操作对评价表（见表 3-3）中的内容进行自我评价和老师评价。

表 3-3　项目 3　草绘基础　任务 3　综合评价表

班级_____　　　姓名_____　　　学号_____

序号	评价内容	自我评价		
		很好	较好	尚需努力
1	解读任务内容			
2	能灵活运用尺寸标注和尺寸修改工具			
3	能快速使用动态修剪工具			
4	在规定时间内完成（建议时间为 30min）			
5	学习能力，资讯能力			
6	分析、解决问题的能力			
7	学习效率，学习成果质量			
8	创新、拓展能力			
教师评价意见		综合等级		
		教师签名确认		

日期：_____年_____月_____日

归纳梳理

◆ 实线改为中心线,在以后的造型中经常会应用到,必须学会。
◆ 滑杆草图的绘制,方法很多,如圆弧的绘制可以用圆的工具进行绘制,但这种方法比较繁琐,绘制完后还需要修剪,降低了绘图的速度;用圆弧工具中的【圆心+的两点弧】则最为便捷。

巩固练习

1. 草绘如图 3-69 所示的图形。　　　　　　　　　　　难度系数★

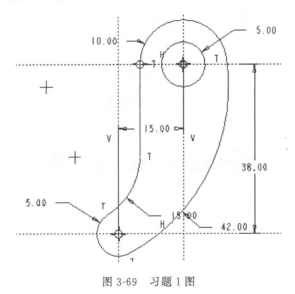

图 3-69　习题 1 图

2. 草绘如图 3-70 所示的图形。　　　　　　　　　　　难度系数★★

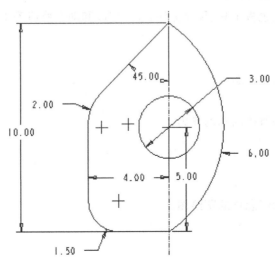

图 3-70　垫板

3. 草绘如图 3-71 所示的图形。　　　　　　　　　　　　　　　难度系数★★★

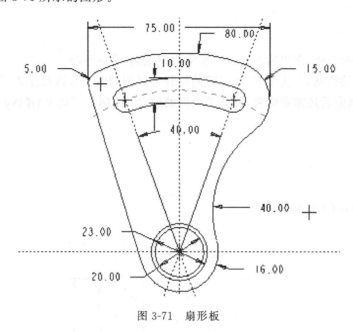

图 3-71　扇形板

🔍 任务 4　纪　念　章

任务目标

1. 能力目标

- 能够读懂零件图。
- 能够使用文字工具和矩形工具。
- 能够灵活使用调色板工具、尺寸标注、尺寸修改和动态修剪等工具。

2. 职业素养

- 培养严谨认真的工作态度。
- 培养学习能力。
- 培养分析问题和解决问题的能力。

任务内容

画出如图 3-72 所示纪念章的草绘图。

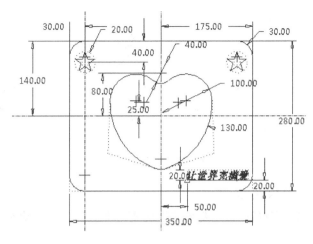

图 3-72 纪念章的草图

任务分析

通过本任务的学习,学会矩形、斜矩形、平行四边形工具的使用,进一步巩固动态修剪、尺寸标注、尺寸修改工具的运用,灵活运用草会画图的技巧。

知识储备

1. 绘制矩形

在创建具有矩形截面特征的拉伸或回转体实体特征时,利用矩形工具可以更加方便快捷地创建所需的草绘截面。Pro/E5.0 中【矩形】工具可以绘制【矩形】、【斜矩形】、【平行四边形】这三种不同的矩形。

（1）矩形。单击 ▭ 按钮,选择对角线上的两个点来创建矩形。

（2）斜矩形。单击 ▱ 按钮,选择两个点定义矩形的一条斜边,再拉至一点完成斜矩形的绘制。

（3）平行四边形

单击工具栏的【平行四边形】按钮,再单击两点作为平行四边形的一条边,拖动鼠标在另一点处单击,即可完成平行四边形的绘制。

2. 文字

单击 🄰 按钮,P1 到 P2 绘制直线,弹出【文本】对话框。选中【沿曲线放置】,再选择图中的圆,最后在【文本行】文本框中输入文字,【水平】选择左边,【垂直】选择底部,完成后,单击【确定】按键。整个操作过程如图 3-73 所示。

3. 约束工具

约束工具有 9 个约束,在任务 3 中已经讲过对齐约束,下面讲一下其余 8 个约束,即竖直、

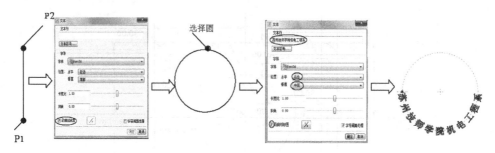

图 3-73　文字的创建

水平、垂直、相切、对中、对称、相等、平行。

(1) 竖直。【竖直】约束按钮 ![] 主要是使斜线或两个点位于竖直状态,而且竖直线的状态符号用"V"表示,如图 3-74 所示。

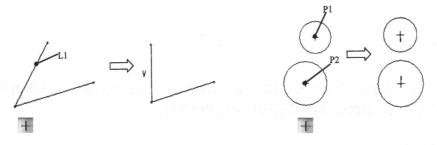

图 3-74　竖直约束

(2) 水平。【水平】约束按钮 ![] 主要是使斜线或两点位于水平状态,而且水平直线的状态用"H"表示,如图 3-75 所示。

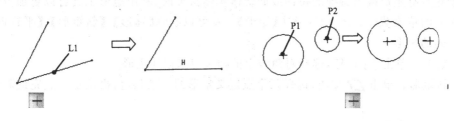

图 3-75　水平约束

(3) 垂直。【垂直】约束按钮 ![] 主要是使两个相互相倾斜的图素变成垂直状态,而且垂直状态符号用"⊥"表示。单击按钮 ![],再单击线段 L1 和 L2,结果如图 3-76 所示。

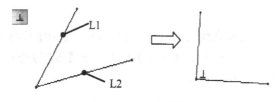

图 3-76　垂直约束

(4) 相切。【相切】约束按钮 主要是将两个图素变成相切状态,而相切状态符号用"T"表示,单击按钮 ,再单击线段 L1 和线段 L2,结果如图 3-77 所示。

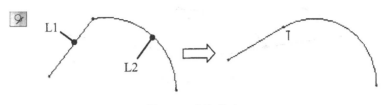

图 3-77　相切约束

(5) 对中。【对中】约束按钮 主要是将图素上的点置于中间,其【对中】符号用"＊"表示,左键单击按钮 ,再单击 P1 点和线段 L2,结果如图 3-78 所示。

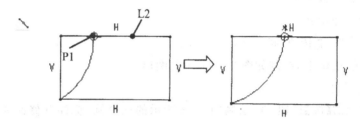

图 3-78　对中约束

(6) 对称。称【对称】约束按钮 主要是将两点或两条线段以中心线为轴进行操作。其【对称】符号"→←"表示,单击按钮 ,再单击 P1 点和 P2 点,最后单击中心线 L1,结果如图 3-79 所示。

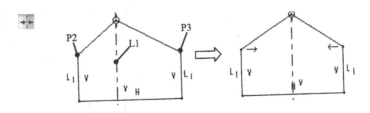

图 3-79　对称约束

(7) 等长。【相等】约束按钮 主要让不相等的直线和圆弧相等,其【相等】符号用"Li"或"Ri"表示。单击按钮 ,再单击线段 L1 和线段 L2,结果如图 3-80 所示。

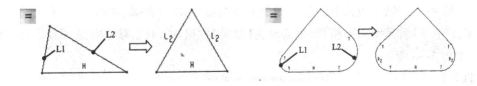

图 3-80　等长约束

(8) 平行。【平行】约束按钮 主要是将两个图素平行,其【平行】符号用"∥"表示,如图 3-81 所示。

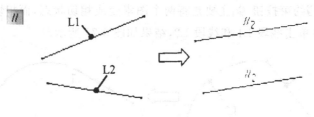

图 3-81　平行约束

任务实施

定位板的草绘步骤如下所示。

STEP 1　绘制中心线

单击工具栏上的 按钮,将尺寸显示关闭。

单击(中心线)按钮 ,绘制如图 3-82 所示的图形。

STEP 2　绘制圆

单击工具栏上的【圆】按钮 ,绘制图 3-83 所示的三个圆,标注并修改如图 3-83 所示的尺寸。

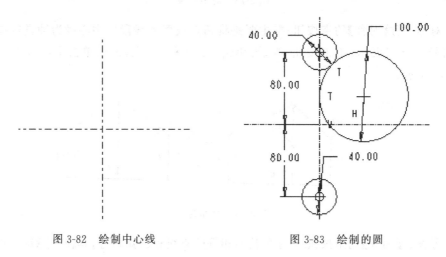

图 3-82　绘制中心线　　　　图 3-83　绘制的圆

STEP 3　绘制弧连接

单击工具栏上的【三点弧】按钮 ,绘制 φ40 圆弧和 φ100 圆弧,如图 3-84 所示,再单击【相切】约束按钮 ,将此两圆弧相切,最后单击【箭头】按钮 ,双击弧半径尺寸数字,修改尺寸为 130,如图 3-85 所示。

STEP 4　修剪

在工具栏上单击【动态修剪】按钮 ,剪去多余线条,结果如图 3-86 所示。

STEP 5　镜像

选取已画好的圆弧,在工具栏中单击【镜像】按钮 ,再单击竖直的中心线,完成一个完整的心形的绘制,结果如图 3-87 所示。

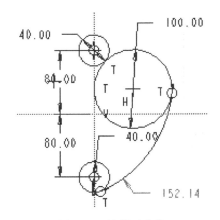
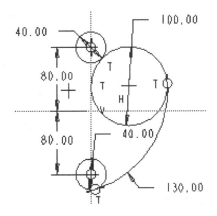

图 3-84　绘制弧连接　　　　　　　图 3-85　修改弧半径

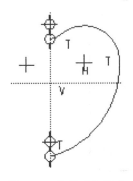
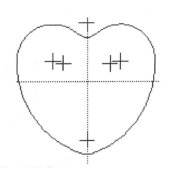

图 3-86　修剪多余尺寸　　　　　　图 3-87　镜像图形

STEP 6　绘制矩形

单击【矩形】按钮 □，在心形外画一个左右和上下对称的矩形，并单击【箭头】按钮，双击矩形尺寸数字，修改的尺寸如图 3-88 所示。

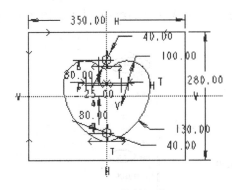

图 3-88　绘制矩形

STEP 7　绘制倒圆角

单击工具栏【倒圆角】按钮，绘制如图 3-89 所示。

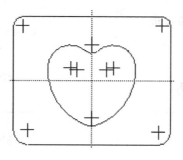

图 3-89　绘制倒圆角

STEP 8　约束相等

单击【相等】约束按钮 =，添加相关约束绘制如图 3-90 所示。

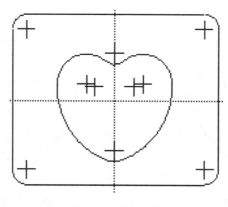

图 3-90　约束相等

STEP 9　文字

单击工具栏上的按钮 ，再单击 P1 并拖住鼠标到 P2 点，再次单击鼠标左键，弹出【文字】对话框，在【文本行】输入文字"让世界充满爱"，并在【斜角】处改为 15，【长宽比】改为 0.5，结果如图 3-91 所示，单击【确定】按钮，完成文字的绘制，结果如图 3-92 所示。

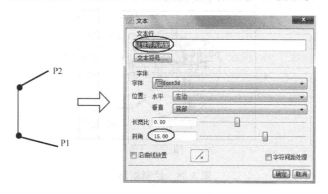

图 3-91　【文字】对话框

STEP 10　绘制五角星

单击【调色板】按钮 ，双击五角星图形，如图 3-93 所示，这时出现【缩放旋转】对话框，修改【缩放】值为 4，如图 3-94 所示，完成五角星的绘制，如图 3-95 所示。

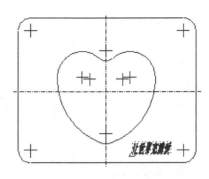

图 3-92　文字创建

图 3-93　调色板选择五角星

图 3-94　修改缩放的值

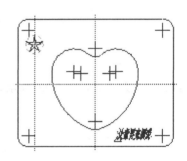

图 3-95　绘制五角星示意图

STEP 11　镜像五角星

选中五角星，单击【对称】按钮，然后单击心形的垂直中心线，得到如图 3-96 所示的图形。

STEP 12　约束水平

在工具栏中单击【水平】约束按钮，单击图 3-97 中的 L1 线，按照图 3-72 所示的尺寸重新标注，结果如图 3-98 所示。

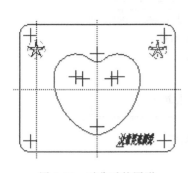

图 3-96　对称后的图形

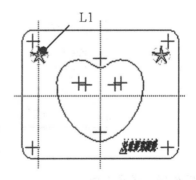

图 3-97　约束的示意图

STEP 13　修改尺寸

单击【尺寸修改】按钮，弹出【修改尺寸】对话框。清除【再生】复选框的钩，再单击所有

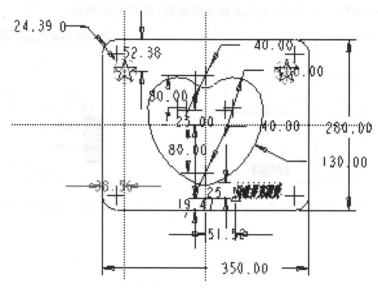

图 3-98 尺寸重新标注的示意图

尺寸,然后修改尺寸大小,如图 3-99 所示,确定无误后,单击【确定】按钮,结果如图 3-100 所示。

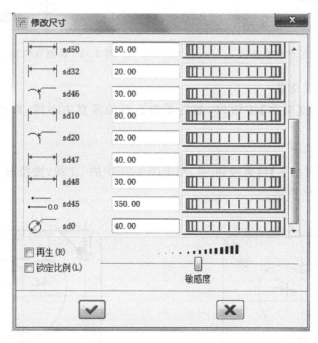

图 3-99 【尺寸修改】对话框

STEP 14 保存文件

完成以上所有操作后,单击【保存】按钮 进行文件的保存。

项目 3　草绘设计

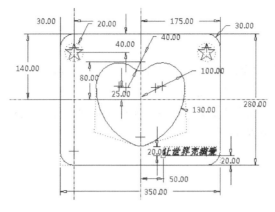

图 3-100　最后完成的二维图形

任务评价

完成图 3-72 所示纪念章的草绘,根据操作对评价表(见表 3-4)的内容进行自我评价和老师评价。

表 3-4　项目 3　草绘基础　任务 4　综合评价表

班级_____　　　　姓名_____　　　　学号_____

序号	评价内容	自我评价		
		很好	较好	尚需努力
1	解读任务内容			
2	能快速标注尺寸和尺寸修改			
3	正确使用水平约束、相切约束、相等约束工具、文字绘制工具、矩形工具			
4	在规定时间内完成(建议时间为 30min)			
5	学习能力,资讯能力			
6	分析、解决问题的能力			
7	学习效率,学习成果质量			
8	创新、拓展能力			
教师评价意见		综合等级		
		教师签名确认		

日期:_____年_____月_____日

归纳梳理

◆ 在绘制草绘时，常常会出现多余尺寸，原因是约束不到位，比如：两条直线本应该是垂直的，没有约束，就会给出两条直线夹角的尺寸。

◆ 文字水平放置且字头向上，输入时一定要在绘图区自下向上单击两点，即字头向哪，最后一点就应在哪个方向。

巩固练习

1. 草绘如图 3-101 所示的图形。　　　　　　　　　　　　　　　　　　　难度系数★

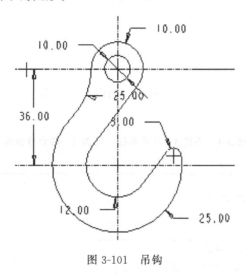

图 3-101　吊钩

2. 草绘如图 3-102 所示的图形。　　　　　　　　　　　　　　　　　　　难度系数★★

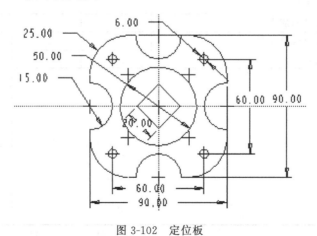

图 3-102　定位板

3. 草绘如图 3-103 所示的图形。　　　　　　　　　　难度系数★★★

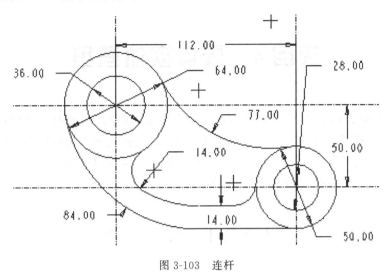

图 3-103　连杆

项目4 零件实体造型

本项目主要介绍 Pro/E5.0 三维造型的工具和方法,涉及的内容有拉伸特征、旋转特征、倒角特征、倒圆角特征、筋特征、孔特征、镜像和阵列特征、抽壳和拔模特征、扫描特征、螺旋扫描特征、混合特征、扫描混合特征、可变剖面扫描特征等。本项目通过 10 个任务和 30 个巩固练习学习以上特征工具的操作方法和应用技巧。

任务1 底　　座

任务目标

1. 能力目标

- 能够读懂零件图。
- 能够认识拉伸特征基础。
- 学会拉伸特征的创建步骤。
- 学会拉伸特征基本参数设置,能运用拉伸特征进行造型。

2. 职业素养

- 培养严谨认真的工作态度。
- 培养学习能力。
- 培养分析问题和解决问题的能力。

任务内容

如图 4-1 所示为底座模具,用 Pro/E 软件迅速地绘制出,顺利完成任务。

任务分析

为了完成底座模具的造型,必须应用拉伸特征命令。拉伸特征命令是三维造型中常用的特征命令,它是将一个截面沿垂直方向拉伸到一定距离而形成的结果。它是在产品中应用最广泛的特征,也是三维造型中设计入门的基础。

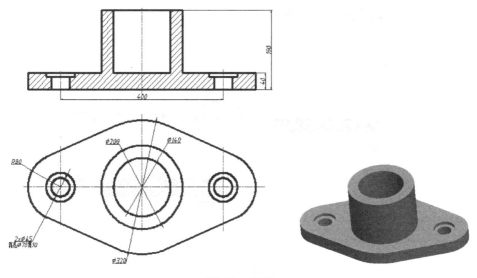

图 4-1 底座

知识储备

1. 拉伸特征的创建

在 Pro/E Wildfire 中,拉伸特征的命令中将曲面设计与实体设计完全融合,在创建特征的功能中包括了创建实体特征与曲面特征。实体特征是最常用的三维造型方法,对于常见的零件,一般都可以使用实体特征来完成设计。

注意:本书中未特别注明时,所有的特征均指实体特征。

拉伸特征是通过拉伸一个封闭的二维图形所形成的实体,通过拉伸实体可以创建实体,也可以切割实体。

拉伸特征的一般操作步骤:

(1) 选择主菜单中的【插入】→【拉伸】命令,或单击工具栏上的【拉伸】按钮。

(2) 弹出【拉伸】面板,单击【放置】→【定义】按钮。

(3) 弹出【草绘】对话框,选择草绘平面。

(4) 进入草绘环境,绘制拉伸截面图形,完成后,单击【确定】按钮。

(5) 回到【拉伸】面板,可以再设置相关参数,完成后,单击【确定】按钮 ✓,整个操作过程如图 4-2 所示。

2. 拉伸实体参数设置

实体创建中,最主要的工作是对【拉伸】面板的参数进行设置。【拉伸】面板如图 4-3 所示,下面对其功能进行简单的介绍。

(1) 放置

【放置】按钮主要用于选择草绘平面,单击此按钮,弹出【草绘】工具条,再单击【定义】按钮,

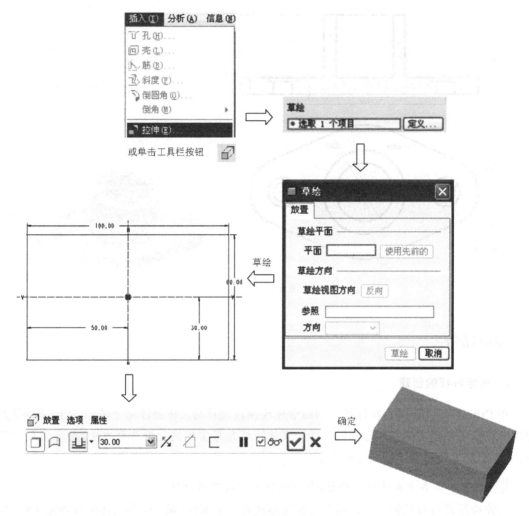

图 4-2 拉伸特征操作过程

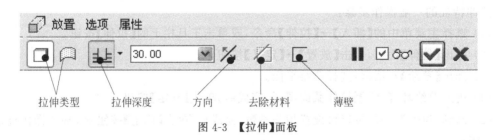

图 4-3 【拉伸】面板

弹出【草绘】对话框,如图 4-4 所示。下面对【草绘】对话框进行简单的介绍。

① 平面:也叫草绘平面,主要用于绘制拉伸实体的截面图形,如图 4-5 所示。

② 参照:也叫参照平面。在选择草绘平面后,它可以任意旋转,无法确定下来,因此,需要选择参照平面来确定草绘平面的摆放,如图 4-6 所示。

③ 方向:主要用于确定参照平面的方位,表示参照平面在草绘平面的底部或顶部、左边或右边等,如图 4-6 所示。

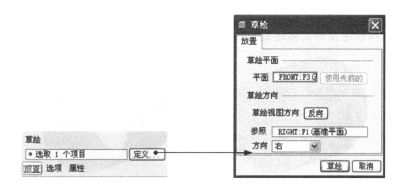

图 4-4 定义草绘操作

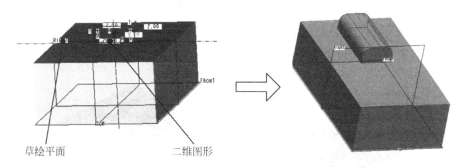

图 4-5 草绘平面与拉伸实体示意图

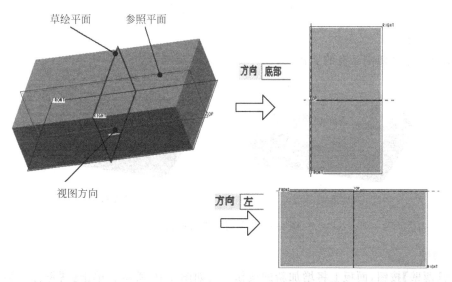

图 4-6 选取草绘平面示意图

④ 草绘视图方向：用于切换草绘平面的方向，单击【反向】按钮，便可切换视角方向。
⑤ 使用先前的：单击此按钮，系统将自动选择上一次操作的草绘平面。

注意：选择放置平面后进入草图将可能显示不同的方向。

(2) 拉伸类型

主要用于选择创建拉伸实体还是拉伸曲面,如图 4-7 所示。

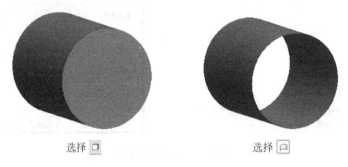

图 4-7 拉伸类型选项示意图

(3) 方向

主要用于切换拉伸方向,如图 4-8 所示。

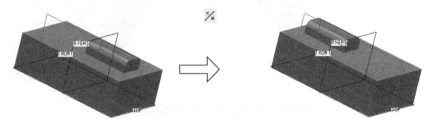

图 4-8 拉伸方向选项示意图

(4) 去除材料

使用拉伸命令切割已有的实体,如图 4-9 所示。

图 4-9 去除材料选项示意图

(5) 薄壁

单击【薄壁】按钮,面板上将增加新的按钮□,如图 4-10 所示。单击【薄壁方向】按钮,可以进行朝内、对称、朝外产生薄壁,如图 4-11 所示。

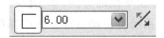

图 4-10 薄壁参数示意图

对称

方向朝内

方向朝外

图 4-11 选项示意图

任务实施

以上对拉伸特征的一般操作步骤和主要参数进行了讲解,现在将做一个比较典型的实例(底座)来实践本任务讲解的内容,如图 4-12 所示(具体尺寸见图 4-1)。

1. 新建文件

STEP 1 选择新建命令

单击工具栏上的【新建】按钮 。

STEP 2 选择模块

弹出【新建】对话框,设置选项如图 4-13 所示,完成后,单击【确定】按钮。

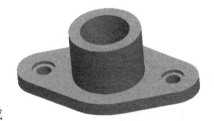

图 4-12 底座零件

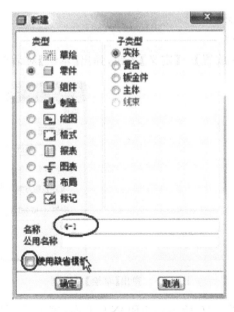

图 4-13 【新建】对话框

STEP 3 选择模板

弹出【新文件选项】对话框,选择的选项如图 4-14 所示,单击【确定】按钮,进入零件设计模

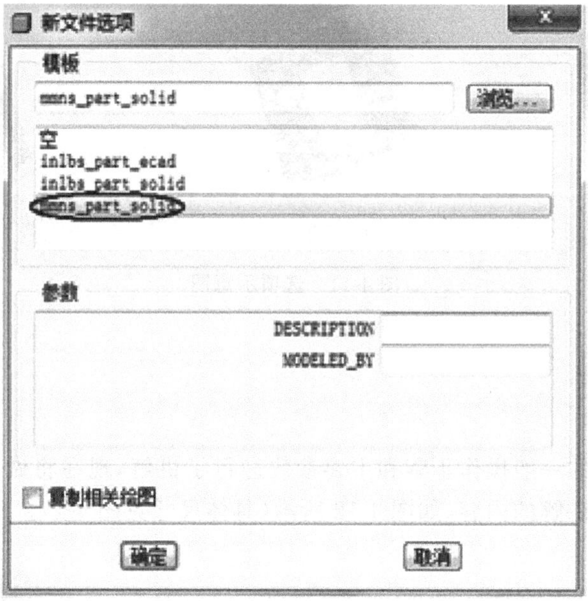

图 4-14 【新文件选项】对话框

块环境。

2. 生成底座

STEP 4 选择拉伸命令

单击工具栏上的【拉伸】按钮 。

STEP 5 选择草绘平面

弹出【拉伸】面板,单击【放置】→【定义】按钮,弹出【草绘】对话框,如图 4-15 所示。

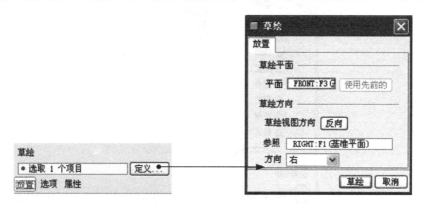

图 4-15 弹出【草绘】对话框

在绘图工作区选择如图 4-16 所示的 FRONT 平面,完成后,单击【草绘】按钮,进入草绘环境。

STEP 6 草绘图形

使用草绘工具,绘制如图 4-17 所示的图形,完成后,单击【确定】按钮 。

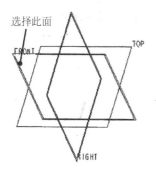 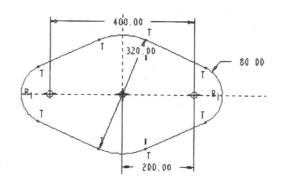

图 4-16 选择草绘平面示意图　　　　图 4-17 绘制的草绘图形示意图

STEP 7　参数设置

回到【拉伸】面板,参数设置如图 4-18 所示。

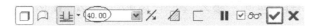

图 4-18 拉伸参数设置

STEP 8　生成底座

图形预览正确后,单击鼠标中键,生成底座如图 4-19 所示。

图 4-19 生成的底座

3. 创建中间空心圆柱

STEP 9　选择拉伸命令

单击工具栏上的【拉伸】按钮 。

STEP 10　选择草绘平面

弹出【拉伸】面板,单击【放置】→【定义】按钮,弹出【草绘】对话框。在绘图工作区选择如图 4-20 所示的草绘平面,完成后,单击【草绘】按钮,进入草绘环境。

图 4-20 选择草绘平面示意图

STEP 11　草绘图形

使用草绘工具,绘制如图 4-21 所示的 φ220 图形,完成后,单击【确定】按钮 ✓。

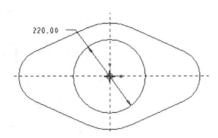

图 4-21　绘制的草绘图形示意图

STEP 12　参数设置

回到【拉伸】面板,参数设置如图 4-22 所示。

图 4-22　拉伸参数的设置

STEP 13　生成底座

图形预览正确后,单击鼠标中键,生成的空心圆柱如图 4-23 所示。

4.创建台阶孔

STEP 14　使用拉伸命令创建通孔

单击工具栏上的【拉伸】按钮 ,弹出【拉伸】面板,再单击【放置】→【定义】按钮,弹出【草绘】对话框。在绘图工作区选择如图 4-24 所示的草绘平面,完成后,单击【草绘】按钮,进入草绘环境。

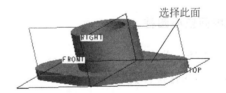

图 4-23　生成的空心圆柱　　　　图 4-24　选择草绘平面示意图

选择主菜单中的【草绘】→【参照】命令,弹出【参照】对话框,如图 4-25 所示。再选择如图 4-26 所示的 L1、L2 作为参照线,结果如图 4-27 所示。使用草绘工具,绘制如图 4-28 所示的图形,完成后,单击【确定】按钮 ✓。

回到【拉伸】面板,参数设置如图 4-29 所示,确认预览图形无误后,单击鼠标中键,结果如图 4-30 所示。

图 4-25 参照命令示意图

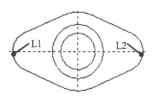 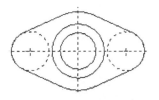 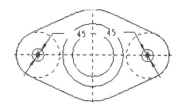

图 4-26 选择参照图素示意图   图 4-27 创建的参照线   图 4-28 绘制的草绘图形

图 4-29 拉伸参数设置

图 4-30 创建的通孔

STEP 15 创建台阶孔

单击工具栏上的【拉伸】按钮，弹出【拉伸】面板。再单击【放置】→【定义】按钮，弹出【草绘】对话框。在绘图工作区选择如图 4-31 所示的草绘平面，完成后，单击【草绘】按钮，进入草绘环境。

再选择参照线，操作步骤与 STEP 14 相同，再使用草绘工具完成如图 4-32 所示的图形，完成后，单击【确定】按钮。

回到【拉伸】面板，参数设置如图 4-33 所示，确认预览图形无误后，单击鼠标中键，结果如图 4-34 所示。

STEP 16 保存文件

完成以上所有操作后，单击【保存】按钮进行文件的保存。

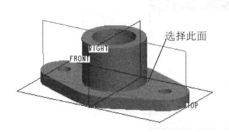

图 4-31　选择草绘平面示意图

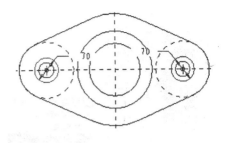

图 4-32　绘制的草绘图形示意图

图 4-33　拉伸参数设置

图 4-34　创建阶台孔

任务评价

完成图 4-1 所示底座造型，根据操作对评价表（见表 4-1）中的内容进行自我评价和老师评价。

表 4-1　项目 4　零件实体造型　任务 1　综合评价表

班级_____　　　姓名_____　　　学号_____

序号	评 价 内 容	自 我 评 价		
		很好	较好	尚需努力
1	解读任务内容			
2	拉伸工具运用准确、快速			
3	能进行拉伸特征基本参数设置			
4	在规定时间内完成（建议时间为 20min）			
5	学习能力，资讯能力			
6	分析、解决问题的能力			
7	学习效率，学习成果质量			
8	创新、拓展能力			

教师评价意见		综合等级	
		教师签名确认	

日期：_____年_____月_____日

归纳梳理

◆ 创建拉伸特征时，有实体拉伸和曲面拉伸，默认为实体拉伸。操作时选择草绘平面很重要，草绘平面是拉伸的基准面，一定要选择准确，否则绘制的三维造型图形就不是我们需要的图形。去除材料拉伸时一定不要忘记在拉伸参数设置面板上按下 ⌀，并注意去除材料的方向。

◆ 本任务中，在拉伸底板上的圆柱筒时，选用薄壁拉伸，注意薄壁的方向，确保圆柱筒外圆直径为 ϕ220。

巩固练习

1. 完成图 4-35 所示图形的造型。　　　　　　　　　　　　　　　　难度系数★

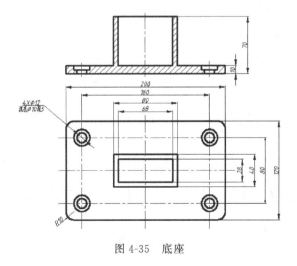

图 4-35　底座

2. 完成如图 4-36 所示零件的造型。　　　　　　　　　　　　　　　难度系数★★
3. 完成图 4-37 所示图形的三维造型。　　　　　　　　　　　　　　难度系数★★★

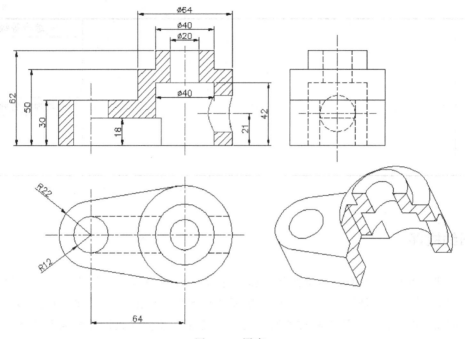

图 4-36 罩壳

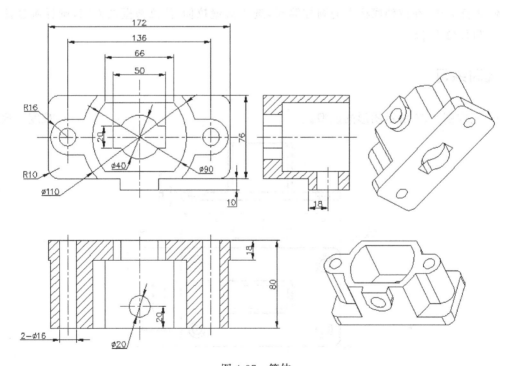

图 4-37 箱体

任务 2 轴 承 盖

任务目标

1. 能力目标

- 能够进行拉伸的深度参数的设置。
- 能够应用拉伸特征进行实体造型。

2. 职业素养

- 培养严谨认真的工作态度。
- 培养学习能力。
- 培养分析问题和解决问题的能力。

任务内容

完成如图 4-38 所示轴承盖的零件造型图。

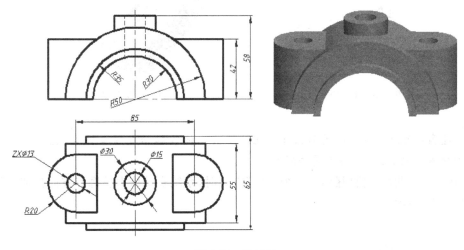

图 4-38 轴承盖

任务分析

从图中可知,轴承座由半圆柱环、一平台和一个凸台组成。而在创建拉伸特征时,除了常用的深度选项外,还有其他 5 种方式,包括对称、到下一个曲面、穿透全部、穿透至选定对象和拉伸到选定对象。在不同的情况下,灵活地选择正确的方式,将达到事半功倍的效果。

知识储备

1. 拉伸实体参数设置

在实体创建中,最主要的工作是对【拉伸】面板的参数进行设置。【拉伸】面板如图 4-3 所示,本次任务主要介绍前一讲中拉伸特征中的其余参数设置。

在【拉伸】面板中,【拉伸深度】选项如图 4-39 所示。

① 深度:直接输入拉伸高度值来创建实体,如图 4-40 所示。

② 对称:创建两边对称的实体,如图 4-41 所示。

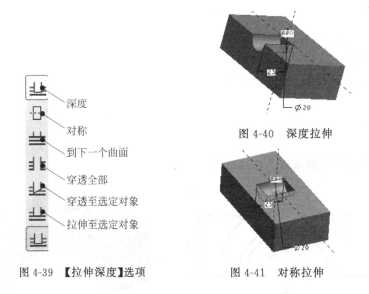

图 4-39 【拉伸深度】选项   图 4-40 深度拉伸

图 4-41 对称拉伸

> **注意**:可以在预览的图形上直接拖动箭头以调节起始或结束位置,也可以在屏幕的文字框中输入数值,各种方法都是关联的。

③ 到下一个曲面:使用【到下一个曲面】方式时,系统自动依据轮廓和方向拉伸到最近的曲面如图 4-42 所示。

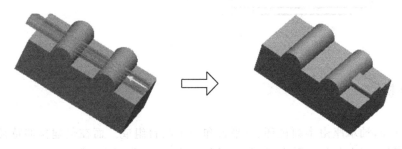

图 4-42 【拉伸到下一个曲面】选项示意图

注意：如果拉伸方向背离已有实体，将弹出出错对话框。

④ 穿透全部：选择【穿透全部】选项可以在拉伸方向上无限延伸穿过所有的实体面，用户不需要选择对象。这种方式常用于"去除材料"，如图 4-43 所示为使用【穿透全部】方式创建的拉伸切割。

图 4-43 【穿透全部】选项示意图

⑤ 穿透至选定对象：拉伸到指定的实体面或曲面等，与【拉伸至选定对象】选项类似，只不过此项将拉伸到相交的曲面，如图 4-44 所示。

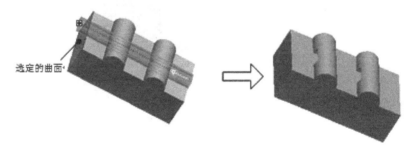

图 4-44 【穿透至选定对象】选项示意图

⑥ 拉伸至选定对象：拉伸到指定的实体面、曲面或线，选择这一方式需要指定一个对象。如图 4-45 所示为拉伸至选定对象的拉伸示例。

图 4-45 【拉伸至选定对象】选项示意图

2. 选项

【选项】面板是深度选项的高级应用，可以对拉伸进行双侧深度的设置，系统默认状态下只对第 1 侧进行设置。单击此选项将弹出如图 4-46 所示的面板，其含义如图 4-47 所示。

图 4-46 【选项】面板

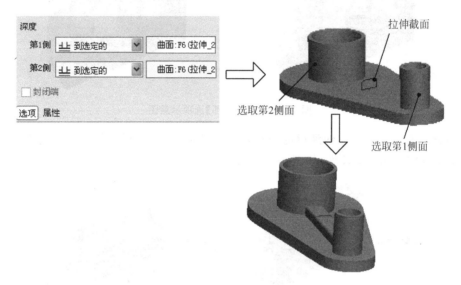

图 4-47 双侧拉伸示意图

任务实施

以上对拉伸实例的主要参数进行了介绍,现在通过一个比较典型的实例来巩固本讲所介绍的内容,任务零件图如图 4-38 所示。

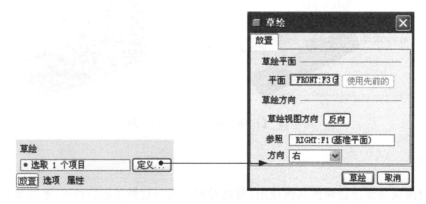

图 4-48 选择草绘平面操作

1. 生成主体

STEP 1 选择拉伸命令

单击工具栏上的【拉伸】按钮 ，弹出【拉伸】面板。

STEP 2 选择草绘平面

单击【放置】→【定义】按钮。打开【草绘】对话框，如图 4-48 所示。在绘图工作区选择如图 4-49 所示的 FRONT 平面，完成选择后，单击【草绘】按钮，进行草绘环境。

STEP 3 草绘图形

使用草绘工具，绘图如图 4-50 所示的图形，完成后，单击【确定】按钮 。

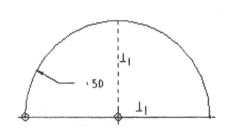

图 4-49 选择草绘平面图　　　　图 4-50 草绘图形

STEP 4 参数设置及实体生成

回到【拉伸】面板，设置参数如图 4-51 所示，完成后，单击鼠标中键，结果如图 4-52 所示。

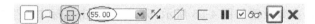

图 4-51 拉伸参数设置

图 4-52 拉伸实体

STEP 5 选择拉伸命令

单击工具栏上的【拉伸】按钮 ，弹出【拉伸】面板。

STEP 6 选择草绘平面

单击【放置】→【定义】按钮。弹出【草绘】对话框，选择如图 4-53 所示的草绘平面和参照平面，完成后，单击【草绘】按钮。

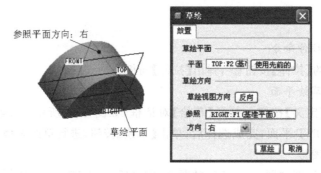

图 4-53 平面示意图

STEP 7 草绘图形

使用草绘工具,绘制如图 4-54 所示的图形,完成后,单击【确定】按钮 ✓ 。

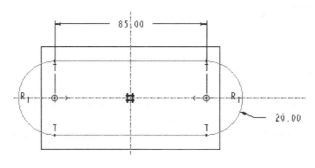

图 4-54 草绘图形示意图

STEP 8 参数设置及实体生成

回到【拉伸】面板,参数设置如图 4-55 所示,完成后,单击鼠标中键生成拉伸实体,结果如图 4-56 所示。

图 4-55 拉伸参数设置

图 4-56 拉伸实体

STEP 9 选择拉伸命令

单击工具栏上的【拉伸】按钮 ,弹出【拉伸】面板。

STEP 10 选择草绘平面

单击【放置】→【定义】按钮,弹出【草绘】对话框。选择如图 4-57 所示的草绘平面和参照平面,完成后,单击【草绘】按钮。

项目 4 零件实体造型 · 89 ·

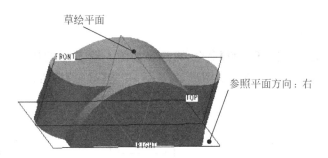

图 4-57 选择草绘平面示意图

STEP 11 草绘图形

使用草绘工具,绘制如图 4-58 所示的图形,完成后,单击【确定】按钮 ☑ 。

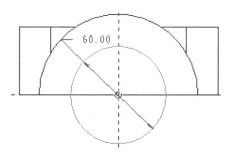

图 4-58 草绘图形示意图

STEP 12 参数设置及实体生成

回到【拉伸】面板,参数设置如图 4-59 所示,完成后,单击鼠标中键生成拉伸实体,结果如图 4-60 所示。

图 4-59 拉伸参数设置

图 4-60 实体

2. 生成通孔

STEP 13 选择拉伸命令

单击工具栏上的【拉伸】按钮 ,弹出【拉伸】面板。

STEP 14 选择草绘平面

单击【放置】→【定义】按钮,弹出【草绘】对话框。选择如图 4-61 所示的参照平面,完成后,单击【草绘】按钮。

STEP 15 草绘图形

选择主菜单中的【草绘】→【参照】命令，再选择如图 4-62 所示的边线 L1、L2 作为参照线，再使用草绘工具绘制如图 4-63 所示的图形，完成后，单击【确定】按钮 ☑。

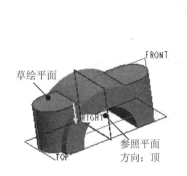
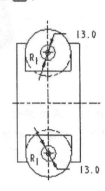

图 4-61 平面示意图　　图 4-62 选择参照线示意图　　图 4-63 草绘图形示意图

STEP 16 参数设置及实体生成

回到【拉伸】面板，参数设置如图 4-64 所示，完成后，单击鼠标中键生成拉伸实体，结果如图 4-65 所示。

图 4-64 拉伸参数设置

3. 创建凸台

STEP 17 创建辅助平面

单击工具栏上的【基准平面】按钮 ▱，弹出【基准平面】对话框。选择基准面 TOP，再设置偏移距离为 58，结果如图 4-66 所示。

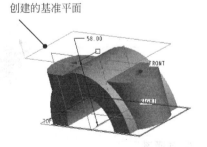

图 4-65 生成的通孔　　　　　图 4-66 创建的基准平面图

STEP 18 选择拉伸命令

单击工具栏上的【拉伸】按钮 ⬚，弹出【拉伸】面板。

STEP 19 选择草绘平面

单击【放置】→【定义】按钮，弹出【草绘】对话框。选择如图 4-67 所示的草绘平面，参照平面按照系统默认设置,完成后,单击【草绘】按钮。

STEP 20 草绘图形

使用草绘工具,绘制如图 4-68 所示的图形,完成后,单击【确定】按钮 ☑ 。

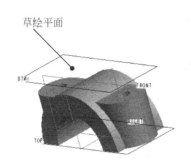
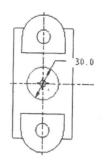

图 4-67 选择草绘平面示意图　　　图 4-68 草绘图形示意图

STEP 21 参数设置及实体生成

回到【拉伸】面板,设置参数如图 4-69 所示,完成后,单击鼠标中键生成拉伸实体,结果如图 4-70 所示。

图 4-69 拉伸参数设置

STEP 22 选择拉伸命令

单击工具栏上的【拉伸】按钮 ,弹出【拉伸】面板。

STEP 23 选择草绘平面

单击【放置】→【定义】按钮,弹出【草绘】对话框。选择如图 4-71 所示的草绘平面,参照平面按照系统默认设置,完成后,单击【草绘】按钮。

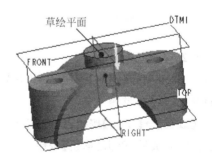

图 4-70 凸台实体的创建　　　图 4-71 选择草绘平面示意图

STEP 24 草绘图形

使用草绘工具,绘制如图 4-72 所示的图形,完成后,单击【确定】按钮 ☑ 。

STEP 25 参数设置及实体生成

回到【拉伸】面板,参数设置如图 4-73 所示,然后再选取如图 4-74 所示的曲面 S1,完成后,单击鼠标中键生成拉伸实体,结果如图 4-75 所示。

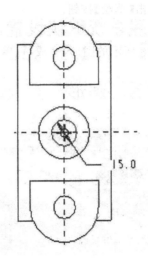

图 4-72　草绘图形示意图

图 4-73　拉伸参数设置

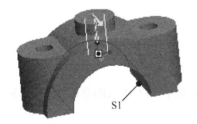

图 4-74　选取曲面示意图　　　　　　图 4-75　创建孔后的零件

STEP 26　选择拉伸命令

单击工具栏上的【拉伸】按钮，弹出【拉伸】面板。

STEP 27　选择草绘平面

单击【放置】→【定义】按钮，弹出【草绘】对话框。选择 S1 作为草绘平面，参照平面按照系统默认设置，完成后，单击【草绘】按钮。

STEP 28　草绘图形

使用草绘工具，绘制如图 4-76 所示的图形，完成后，单击【确定】按钮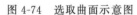。

STEP 29　参数设置及实体生成

回到【拉伸】面板，设置参数如图 4-77 所示，完成后，单击鼠标中键生成拉伸实体，结果如图 4-78 所示。

重复 STEP27～STEP29，不同之处为选择草绘平面时所选的面是 S1 对面的面，完成对面的拉伸。

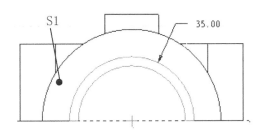

图 4-76　草绘图形示意图

图 4-77　拉伸参数设置

图 4-78　最终的零件

STEP 30　保存文件

完成以上所有操作后,单击【保存】按钮 进行文件的保存。

任务评价

完成图 4-38 所示轴承盖的造型,根据操作对评价表(见表 4-2)中的内容进行自我评价和老师评价。

表 4-2　项目 4　零件实体造型　任务 2　综合评价表

班级_____　　姓名_____　　学号_____

序号	评价内容	自我评价		
		很好	较好	尚需努力
1	解读任务内容			
2	能够灵活运用拉伸深度参数的设置			
3	拉伸特征运用熟练			
4	在规定时间内完成(建议时间 30min)			
5	学习能力,资讯能力			
6	分析、解决问题的能力			
7	学习效率,学习成果质量			
8	创新、拓展能力			

教师评价意见	综合等级
	教师签名确认

日期：_____年_____月_____日

归纳梳理

- 本任务是实体造型，开始拉伸时，先拉伸半圆，而不是半圆环，其次拉伸腰形台，最后去除半圆柱孔，这样效率会比较高。
- 创建凸台时，做一个距离底面为 58 的基准平面，以基准平面作为草绘平面，拉伸出的凸台准确，符合设计尺寸要求。
- 去除材料时，一定要注意去除材料的方向，如果相反的话，就会出现错误，而生成不出所需的形状。

巩固练习

1. 按如图 4-79 所示的底座造型。　　　　　　　　　　　　　　　　　　难度系数★

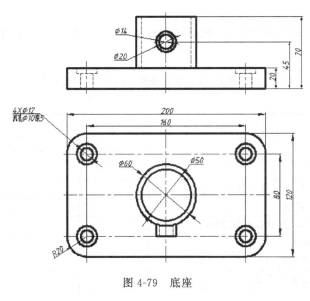

图 4-79　底座

2. 按照如图 4-80 所示的尺寸造型。　　　　　　　　　　　　　　　　　难度系数★★

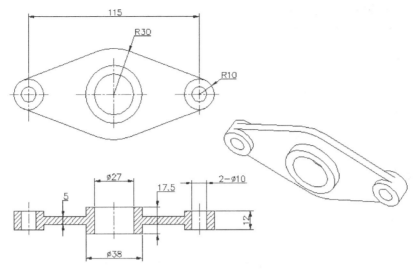

图 4-80 连杆 1

3. 按照图 4-81 所示的零件图尺寸造型。 难度系数★★★

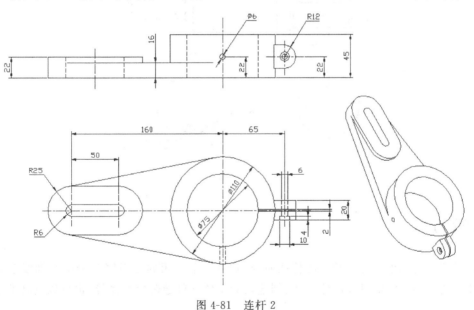

图 4-81 连杆 2

任务 3 短 轴

任务目标

1. 能力目标

- 能够认识旋转特征基础。

- 能够运用旋转特征创建零件。
- 能够设置旋转特征的基本参数。

2. 职业素养

- 培养严谨认真的工作态度。
- 培养学习能力。
- 培养分析问题和解决问题的能力。

任务内容

如图 4-82 所示为短轴零件图,用 Pro/E 软件迅速地绘制出,顺利完成任务。

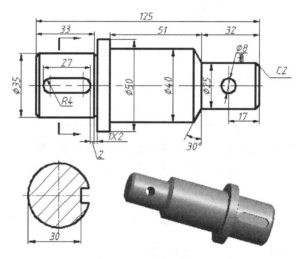

图 4-82 短轴零件图

任务分析

旋转特征是三维造型中常用的特征命令,它将一个封闭的截面绕某个中心轴线旋转而形成实体。通过旋转特征可以创建实体、创建切割实体和创建薄壁实体等,也可以旋转曲面。

知识储备

1. 旋转特征的创建

旋转特征是一个封闭的二维图形绕某一轴线进行旋转所形成实体,其操作步骤如下:
(1) 选择主菜单中的【插入】→【旋转】命令,或者单击工具栏上的【旋转】按钮 。
(2) 弹出【旋转】面板,单击【放置】→【定义】按钮。
(3) 弹出【草绘】对话框,选择草绘平面。
(4) 进入草绘环境,绘制旋转截面图形,并使用中心线命令,绘制旋转轴,完成后,单击【确定】按钮✔。

（5）回到【旋转】面板，可以再设置相关参数，完成后，单击【确定】按钮✔，整个操作过程如图 4-83 所示。

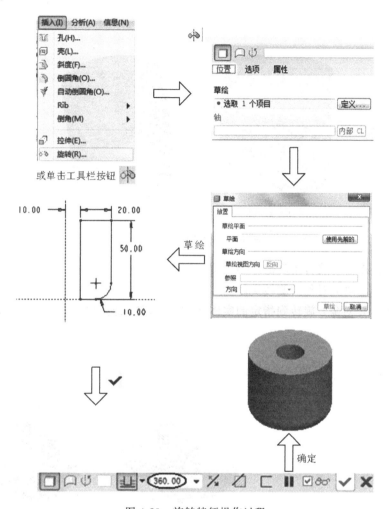

图 4-83　旋转特征操作过程

> **注意**：在创建旋转实体时，必须在草绘平面中，使用【中心线】按钮绘制中心线，否则无法创建旋转实体。

2. 旋转实体参数设置

实体创建中，最主要的工作是对【旋转】面板的参数进行设置。【旋转】面板如图 4-84 所示，下面对其功能进行简单的介绍。

（1）旋转类型

主要用于选择创建旋转实体还是旋转曲面，如图 4-85 所示。

（2）旋转角度选项

旋转角度选项如图 4-86 所示，有 3 个选项。

图 4-84 【旋转】面板

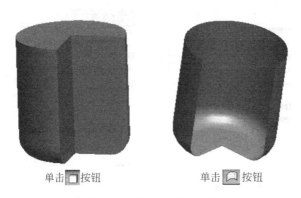

图 4-85 旋转选项示意图

① 深度：直接输入旋转角度值来创建旋转实体。
② 对称：创建两边对称的旋转实体。
③ 旋转至选定对象：旋转到指定的实体面、曲面或线，选择这一方式时，需要指定的一个对象。

(3) 方向

主要用于旋转方向，如图 4-87 所示。

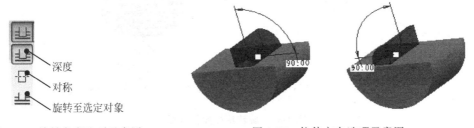

图 4-86　旋转角度选项示意图　　　图 4-87　拉伸方向选项示意图

(4) 去除材料

切割已有的实体，如图 4-88 所示。

图 4-88　去除材料选项示意图

(5) 薄壁

单击【薄壁】按钮,面板上将增加新的按钮,如图 4-89 所示。

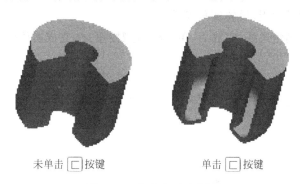

未单击 □ 按键　　　　单击 □ 按键

图 4-89　薄壁选项示意图

(6) 选项

【选项】按钮是旋转角度选项的高级应用,或对旋转命令进行双侧角度的设置,系统默认状态下只对第 1 侧进行设置,其操作如图 4-90 所示。

图 4-90　双侧旋转示意图

3. 实体倒角的创建

(1) 实体倒角操作步骤

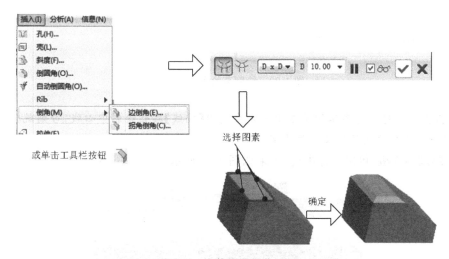

图 4-91　实体倒角操作过程

实体倒角操作步骤如下：

① 选择主菜单中的【插入】→【倒角】命令，或者单击工具栏上的【倒角】按钮 。

② 弹出【实体倒角】面板，设置倒角参数。

③ 在绘图区选择倒角边线，完成后，单击【确定】按钮 ✓，完成实体倒角的创建。整个操作过程如图 4-91 所示。

(2) 倒角方式

倒角方式有四种，分别是 $D×D$，$D_1×D_2$，角度$×D$ 和 $45×D$。

任务实施

以上对旋转特征的一般操作步骤和主要参数进行了讲解，下面通过创建一个比较典型的任务如图 4-82 所示的短轴来说明旋转特征的内容。

STEP 1 选择旋转命令

单击工具栏上的【旋转】按钮 ，弹出【旋转】面板。

STEP 2 选择草绘平面

单击【放置】→【定义】按钮，弹出【草绘】对话框，选择 TOP 面作为草绘平面。

STEP 3 草绘图形

使用草绘工具绘制如图 4-92 所示的草绘图形和旋转轴线，完成后，单击【确定】按钮 ✓。

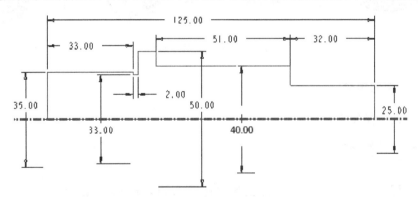

图 4-92　绘制草绘图形示意图

注意：创建旋转实体的草图中一定要使用【轴线】按钮绘制中心线，否则就不能生成。

STEP 4 旋转参数设置及实体生成

回到【旋转】面板，单击鼠标中键，结果如图 4-93 所示。

图 4-93　生成的旋转实体

STEP 5 创建倒角

单击【倒角】按钮，弹出【倒角】面板。选择 45×D 的方式，在参数栏中输入 2，如图 4-94 所示。然后在绘图区选择 L1 和 L2 两条圆，如图 4-95 所示。完成后，单击【确定】按钮 ✓，结果如图 4-96 所示。

图 4-94　倒角面板的参数设置面板

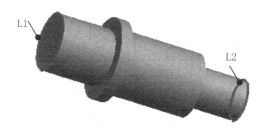

图 4-95　选择两条倒角的圆

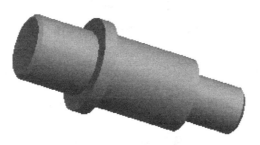

图 4-96　生成的倒角实体

STEP 6 创建基准平面

单击【基准平面】按钮，单击 S1 平面，向左平移 17，完成后，单击【确定】按钮 ✓，创建 DTM1。整个过程如图 4-97 所示。

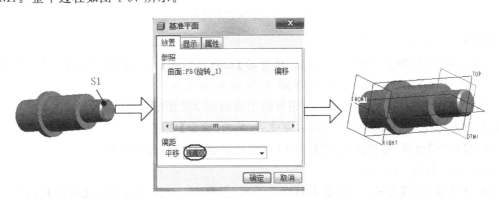

图 4-97　创建基准平面的操作过程

STEP 7 创建孔

单击工具栏上的【旋转】按钮，弹出【旋转】面板。单击【放置】→【定义】按钮，弹出【草绘】对话框，选择 DTM1 面作为草绘平面。

使用草绘工具绘制如图 4-98 所示的草绘图形和旋转轴线，完成后，单击【确定】按钮。

回到【拉伸】面板，参数设置如图 4-99 所示。单击鼠标中键，结果如图 4-100 所示。

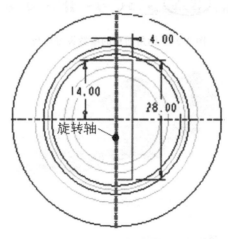

图 4-98　绘制草绘图形示意图

图 4-99　旋转面板的参数设置面板

图 4-100　生成的旋转孔

STEP 8 旋转生成倒角

单击工具栏上的【旋转】按钮，弹出【旋转】面板。单击【放置】→【定义】按钮，弹出【草绘】对话框，选择 FRONT 面作为草绘平面。

选择 L1、L2、L3 作为参照线，再使用草绘工具绘制草绘图形（画一条线与水平成 30°）和旋转轴线，整个操作过程如图 4-101 所示，完成后，单击【确定】按钮。

回到【拉伸】面板，参数设置如图 4-99 所示，单击鼠标中键，完成倒角。

STEP 9 创建基准平面

单击【基准平面】按钮，单击 FRONT 平面，平移 17.5，完成后，单击【确定】按钮，完成的基准平面 DTM2 如图 4-102 所示。

STEP 10 拉伸键槽

弹出【拉伸】面板，单击【放置】→【定义】按钮，弹出【草绘】对话框。选择 DTM2 作为草绘

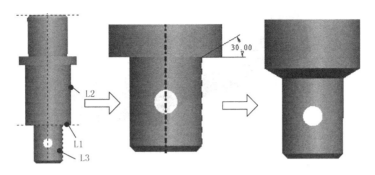

图 4-101　创建 30°倒角的操作过程

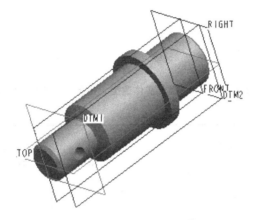

图 4-102　创建后的基准平面

平面,完成后,单击【草绘】按钮,进入草绘环境。

使用草绘工具,绘制如图 4-103 所示的图形,完成后,单击【确定】按钮 ✓。

图 4-103　绘制草绘图形示意图

回到【拉伸】面板,参数设置如图 4-104 所示,图形预览正确后,单击鼠标中键,生成的键槽如图 4-105 所示。

图 4-104　拉伸面板的参数设置面板

STEP 11　保存文件

完成以上所有操作后,单击【保存】按钮 进行文件的保存。

图 4-105　短轴的实体造型

任务评价

完成图 4-84 所示短轴底座造型,根据操作对评价表(见表 4-3)中的内容进行自我评价和老师评价。

表 4-3　项目 4　零件实体造型　任务 3　综合评价表

班级_____　　　　姓名_____　　　　学号_____

序号	评价内容	自我评价		
		很好	较好	尚需努力
1	解读任务内容			
2	正确使用旋转工具和倒角工具			
3	能准确进行旋转参数和倒角参数的设置			
4	在规定时间内完成(建议时间为 20min)			
5	学习能力,资讯能力			
6	分析、解决问题的能力			
7	学习效率,学习成果质量			
8	创新、拓展能力			
教师评价意见		综合等级		
		教师签名确认		

日期:_____年_____月_____日

归纳梳理

◆ 本任务中学习了旋转特征创建实体的步骤,注意键槽与孔为同一个方向。
◆ 旋转特征草绘时,一定要画旋转轴线,否则生成不出实体或曲面。

巩固练习

1. 完成如图 4-106 所示零件的造型。　　　　　　　　　　　　　难度系数★

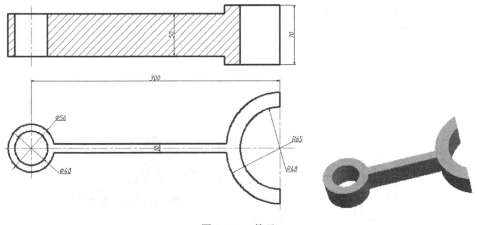

图 4-106　拨叉

2. 完成如图 4-107 所示零件的造型。　　　　　　　　　　　　难度系数★★

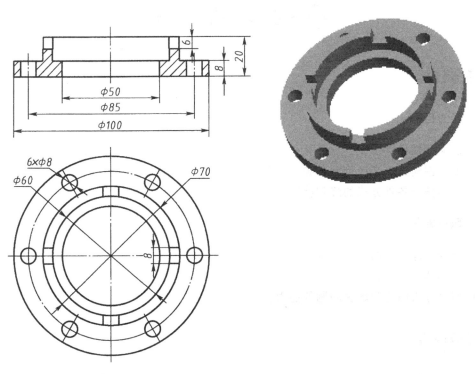

图 4-107　端盖

3. 完成如图 4-108 所示零件的三维造型。　　　　　　　　　难度系数★★★

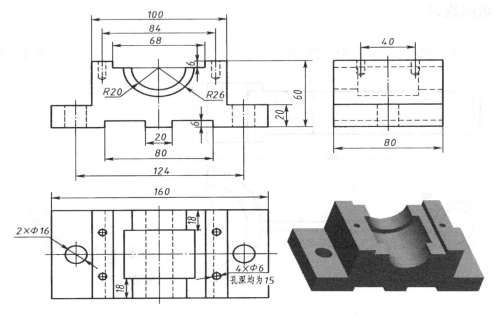

图 4-108　轴承底座

任务 4　带　　轮

任务目标

1. 能力目标

- 能够读懂零件图。
- 能够创建恒定半径倒圆角和倒全角。
- 能够操作各种方式的阵列特征。

2. 职业素养

- 培养严谨认真的工作态度。
- 培养学习能力。
- 培养分析问题和解决问题的能力。

任务内容

用 Pro/E 软件迅速并顺利地绘制出如图 4-109 所示的带轮,并保存。

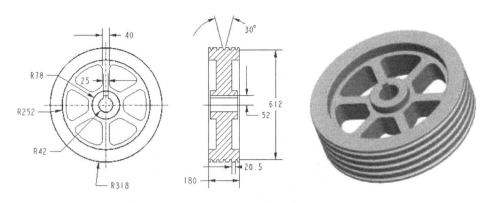

图 4-109　带轮的尺寸和三维图

任务分析

带轮这个零件主要以回转体为主,带轮中挖掉的 6 个孔,可以先做一个孔然后用阵列的方式绘制,而 5 个 V 形槽也可以先做好一个槽后进行阵列方式绘制。注意带轮的 6 个孔中有圆角。因此下面学习实体倒圆角和阵列特征各种方式的操作。

知识储备

1. 倒圆角特征的创建

(1) 恒定半径倒圆角的创建

实体倒圆角可以在实体的棱边上产生圆滑的过渡,是非常实用的实体设计功能。而实体倒圆角在大部分情况下多是恒定半径的倒圆角。

倒圆角的操作步骤如下:

① 选择主菜单中的【插入】→【倒圆角】命令,或者单击工具栏上的【倒圆角】按钮 ,弹出【实体倒圆角】面板,设置倒圆角参数。

② 在绘图区选择倒圆角边线,完成后,单击【确定】按钮 ,完成实体倒圆角的创建。整个操作过程如图 4-110 所示。

(2) 变半径圆角的创建

变半径倒圆角的操作步骤如下:

① 选择主菜单中的【插入】→【倒圆角】命令,或者单击工具栏上的【倒圆角】按钮 ,弹出【实体倒圆角】面板。

② 在绘图区选择边线,将鼠标放在显示尺寸的方块上,单击右键,弹出快捷菜单,选择【添加半径】命令。如果继续添加半径的话,那么系统将创建多个半径的圆角。

③ 用鼠标双击圆角尺寸,再修改圆角尺寸,完成后,单击【确定】按钮 ,整个操作过程如图 4-111 所示。

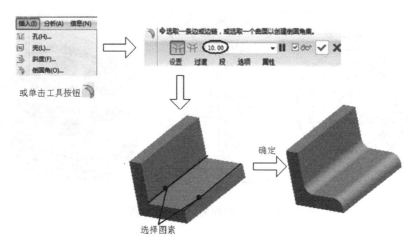

图 4-110　实体倒圆角操作过程

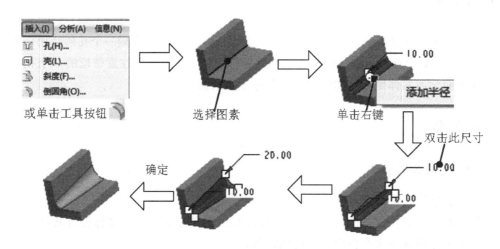

图 4-111　变半径倒圆角操作过程

（3）倒全圆角的创建

倒全圆角的操作步骤如下：

① 选择主菜单中的【插入】→【倒圆角】命令，或者单击工具栏上的【倒圆角】按钮 ，弹出【实体倒圆角】面板。

在绘图区选择曲面1，按住 Ctrl 键选择曲面2。

② 再选择曲面1与曲面2之间的曲面3，完成全圆角的创建。整个操作过程如图 4-112 所示。

2．阵列特征的创建

阵列操作主要是将一个特征（或组群）按照一定的规律复制出多个特征（或组群）。使用阵列命令进行操作时，首先要在绘图工作区或模型树上选中一个特征，然后再用以下几种方式进行创建。

注意：【阵列】特征与原特征之间保持着父子关系，如果原特征尺寸发生变化，阵列特

项目 4 　零件实体造型

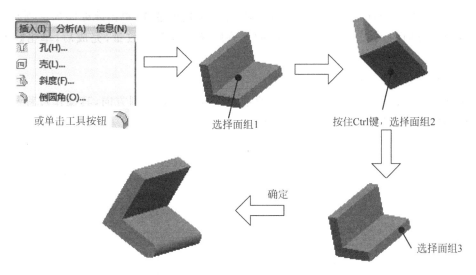

图 4-112　倒全圆角操作过程

征也相应地发生变化。

(1) 以尺寸方式进行阵列

以尺寸方式进行阵列主要是通过选择已有特征的尺寸来进行复制，其操作过程如图 4-113 所示。

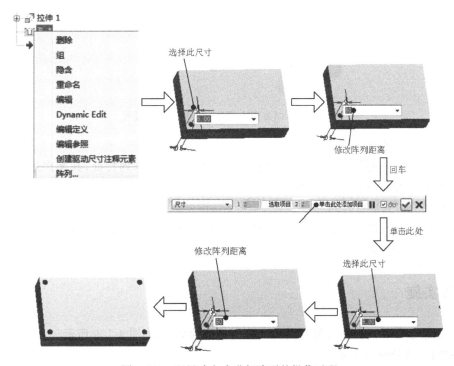

图 4-113　以尺寸方式进行阵列的操作过程

① 在绘制工作或模型树上选中特征，再选择【阵列】命令，弹出【阵列】面板。
② 系统默认情况下阵列方式为尺寸方式，那么选择第一阵列方向的尺寸，并设置阵列距

离；如果需要对两个方向进行阵列，那么选择第二个方向的选项（单击此处添加选项），再在绘图区选择第二方向的尺寸，并设置此方向的阵列距离以及阵列数量，完成后，单击【确定】按钮☑。

(2) 以方向方式进行阵列

以方向方式进行阵列主要是通过选择直线或平面来确定复制方向，其操作过程与尺寸方式进行阵列的操作过程类似，如图 4-114 所示。

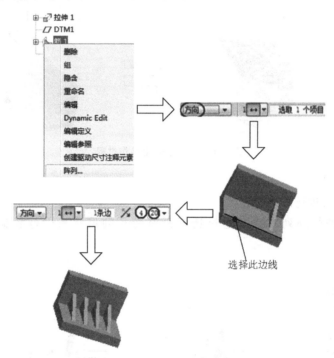

图 4-114　以方向方式进行阵列的操作过程

(3) 以轴方式进行阵列

以轴方式进行阵列可以复制出一个绕着旋转轴线均匀的阵列特征，其操作过程与方向方式进行阵列过程相似，如图 4-115 所示。

(4) 以填充方式进行阵列

以填充方式进行阵列主要是在曲线范围内按照一定的排列方式进行特征的复制，可以选择不同的方式进行特征的排列，其过程如图 4-116 所示。

任务实施

下面以绘制带轮任务来讲解倒圆角和阵列特征的运用，如图 4-109 所示。

STEP 1　选择新建命令

单击工具栏上的【新建】按钮🗋，输入图 4-109 的名字，选择公制，单击【确定】按钮。

STEP 2　选择旋转命令

单击工具栏上的【旋转】按钮◈，弹出【旋转】面板。

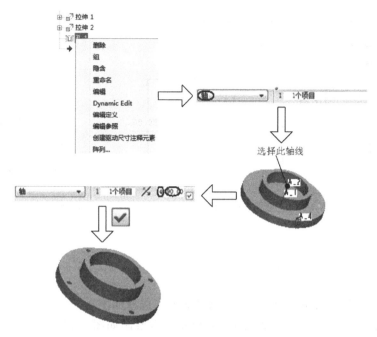

图 4-115 以轴方式进行阵列的操作过程

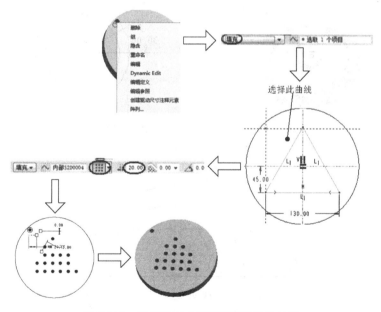

图 4-116 以填充方式进行阵列的操作过程

STEP 3 选择草绘平面、绘制草图

单击【放置】→【定义】按钮,弹出【草绘】对话框。选择 FRONT 面作为草绘平面,进入草绘界面,单击【旋转轴】按钮 ,并绘制草图如图 4-117 所示。单击【确定】按钮 ,再单击鼠标中键,生成如图 4-118 所示的图形。

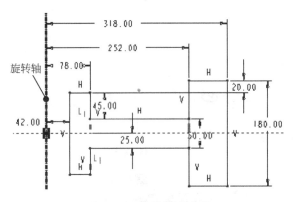

图 4-117 绘制草绘图形

图 4-118 旋转出的图形

STEP 4 选择拉伸命令

单击工具栏上的【拉伸】按钮 ,弹出【拉伸】面板。

STEP 5 选择草绘平面、绘制草图

单击【放置】→【定义】按钮,弹出【草绘】对话框。选择如图 4-119 所示的平面作为草绘平面,绘制中心线,其与水平成 30°,如图 4-120 所示。再绘制如图 4-121 所示形状和尺寸,单击【确定】按钮 。

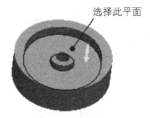

图 4-119 选择草绘平面

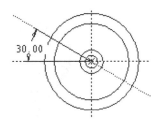

图 4-120 绘制中心线

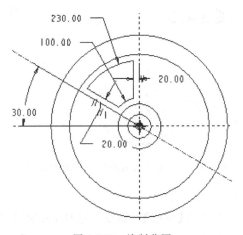

图 4-121 绘制草图

STEP 6 拉伸切割实体

回到【拉伸】面板,参数设置如图 4-122 所示,完成后,单击鼠标中键,结果如图 4-123

所示。

图 4-122　拉伸参数设置示意图

STEP 7　创建倒圆角

单击工具栏上的【倒圆角】命令按钮，选择如图 4-124 所示的四条棱边，【实体倒圆角】面板参数设置为 20，单击【确定】按钮，结果如图 4-125 所示。

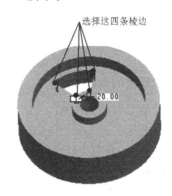

图 4-123　切割后的实体图形　　　　图 4-124　选择倒圆角的边

STEP 8　构建组

选中模型树中的【拉伸】，按住 Ctrl 键的同时，再选中模型树中倒圆角，此时单击右键，在弹出的快捷菜单中选择【组】命令，如图 4-126 所示，结果拉伸和倒圆角组成一个组，如图 4-127 所示。

STEP 9　创建阵列特征

选择模型中的组，单击右键在弹出的快捷菜单中选择【阵列】工具，再选择阵列方式中的轴方式。选择轴线，设置阵列的参数，单击【确定】按钮，再单击鼠标中键，整个操作过程如图 4-128 所示。

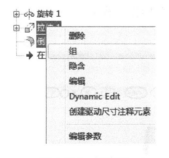

图 4-125　倒圆角的图形　　　　图 4-126　构建组　　　　图 4-127　构建组结果

STEP 10　旋转带轮 V 形槽

单击【旋转】按钮，再单击【放置】→【定义】按钮，弹出【草绘】对话框。选择 FRONT 平面作为草绘平面，再选择 L1 作为绘制的旋转轴，然后选择 L2 作为绘制草图的中心线，最后选择 L3 作为参照，绘制的草图如图 4-129 所示。完成后，单击【确定】按钮，回到【旋转】面板，

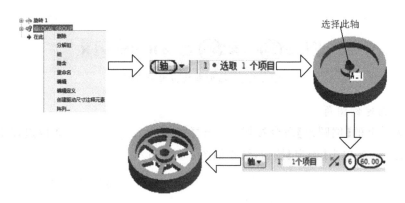

图 4-128　创建阵列特征操作过程

单击中键,完成 V 形槽的创建。

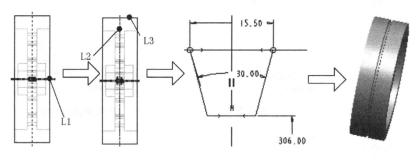

图 4-129　创建阵列特征操作过程

STEP 11　阵列 V 形槽

在模型树上选择上面旋转的 V 形槽,单击右键;在弹出的快捷菜单中选择【阵列】命令。

STEP 12　选择阵列方式

弹出【阵列】面板,选择【方向】方式,并在绘图区选择轴线 L1,设置阵列参数:3 和 36 两个数值。单击第二个项目,在绘图区选择轴 L1,设置阵列参数:3 和 36 两参数。改变阵列方向,完成后,单击鼠标中键。整个操作过程如图 4-130 所示。

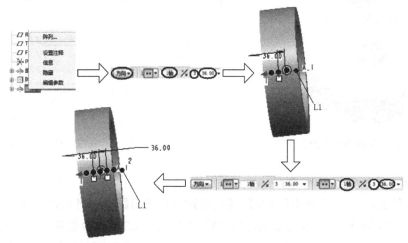

图 4-130　阵列 V 形槽特征操作过程

STEP 13 保存文件

完成以上所有操作后,单击【保存】按钮 进行文件的保存。

任务评价

完成图 4-109 所示带轮造型,根据操作对评价表中(见表 4-4)的内容进行自我评价和老师评价。

表 4-4 项目 4 零件实体造型 任务 4 综合评价表

班级_____ 姓名_____ 学号_____

序号	评价内容	自我评价		
		很好	较好	尚需努力
1	解读任务内容			
2	正确使用倒圆角和阵列特征命令			
3	合理选择旋转和拉伸特征命令			
4	在规定时间内完成(建议时间为 20min)			
5	学习能力,资讯能力			
6	分析、解决问题的能力			
7	学习效率,学习成果质量			
8	创新、拓展能力			
教师评价意见		综合等级		
		教师签名确认		

日期:_____年_____月_____日

归纳梳理

- 在创建倒圆角时,可以根据不同的情况,选择不同的方法。
- 阵列特征有四种方式:尺寸阵列、方向阵列、轴阵列、填充阵列,尺寸阵列和方向阵列有相同处也有不同处,在运用时一定要注意。
- 本任务绘制带轮所采用的三维造型的方法不是唯一的方法,也可以用如图 4-131 所示方式进行造型。

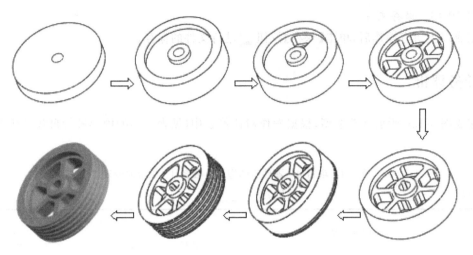

图 4-131　带轮的三维造型步骤

巩固练习

1. 完成如图 4-132 所示水漏零件的三维造型。　　　　　　　　　　　难度系数★

图 4-132　水漏

2. 完成如图 4-133 所示盒座的三维造型。　　　　　　　　　　　难度系数★★

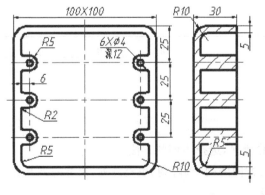 

图 4-133　盒座

3. 完成如图 4-134 所示梯子的三维造型。 难度系数★★

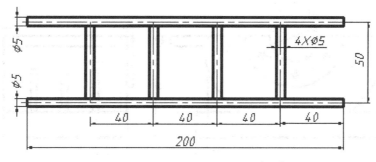

图 4-134 梯子

任务 5 箱 体

任务目标

1. 能力目标

- 能够读懂零件图。
- 能够创建筋特征孔并进行筋特征参数设置。
- 会进行孔特征的创建步骤和孔特征的参数设置。
- 能够创建镜像特征。
- 能够综合运用拉伸、旋转、筋、孔、镜像等特征创建三维造型。

2. 职业素养

- 培养严谨认真的工作态度。
- 培养学习能力。
- 培养分析问题和解决问题的能力。

任务内容

如图 4-135 所示为箱体造型,迅速地绘制出三维图,顺利完成任务,并保存。

任务分析

如图 4-135 所示箱体,可以看出需用到拉伸、旋转、孔、筋、阵列、镜像等工具,其中拉伸、旋转、阵列工具已经学过,这个任务我们要学习孔工具、筋工具和镜像工具。

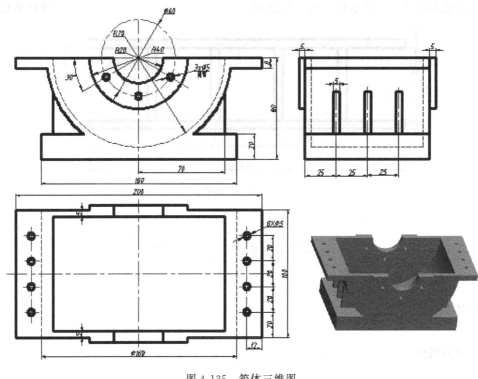

图 4-135　箱体三维图

知识储备

1. 筋

筋是零件上一种常用特征，通常用于增强零件的强度。在 Pro/E 中可以直接应用【筋】功能进行筋的创建，其操作步骤如下：

① 选择主菜单中的【插入】→【筋】命令，或者单击工具栏上的【筋】按钮 ，弹出【筋】面板。

② 单击【位置】→【定义】按钮，弹出【草绘】对话框，选择草绘平面和参照平面。

③ 进入草绘环境，绘制筋板的草绘图形，完成后，单击【确定】按钮 。

④ 回到【筋】面板，设置筋板的相关参数，如筋板厚度、筋板方向等，完成后，单击【确定】按钮 ，完成筋板的创建。

注意：在【筋】面板中，只要单击【方向】按钮 ，那么系统将对筋板的位置进行左侧、中侧、右侧的切换，如图 4-136 所示。

注意：在预览图形时，如果筋板的填充方向不正确，那么系统将无法产生筋板，如图 4-137 所示。

注意：在绘制筋板草绘图形时，要保证图线的端点在实体表面的边界上，从而形成一个填充的区域，如图 4-138 所示，否则很容易出错。

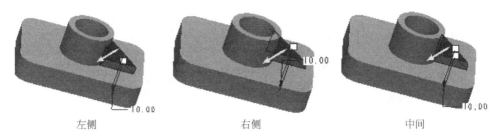

图 4-136 【方向】按钮对筋板位置的影响

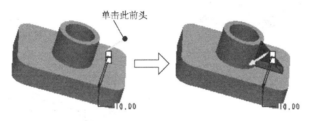

图 4-137 填充材料方向对筋板的影响

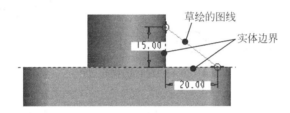

图 4-138 填充区域示意图

2. 孔

(1) 孔的创建

应用孔功能可以在实体上创建孔,其操作步骤如下:

① 选择主菜单中的【插入】→【孔】命令,或者单击工具栏上的【孔】按钮 。弹出【孔】面板。

② 在绘图区选择钻孔平面,在【孔】面板上,单击【放置】按钮,弹出【参照】面板,选择【次参照】栏,然后在绘图工作区选择两个参照平面。

③ 在【次参照】栏输入孔位置的尺寸,以及在【孔】面板上设置孔的直径、深度等参数。完成后,单击【确定】按钮 ,完成孔的创建。

整个操作过程如图 4-139 所示。

(2) 孔参数设置

创建孔特征时,显示如图 4-140 所示的面板,通过面板设置相关的选项。

① 孔类型。主要用于选择创建孔的类型,如一般类型的孔以及标准的孔。其中一般类型的孔又可分为简单孔、自定义孔和标准孔如图 4-141 所示,而标准孔则通过选择标准螺纹来创建。

系统默认状态下是对简单孔进行创建,因此,在创建自定义孔时,选择【草绘】选项,再按照

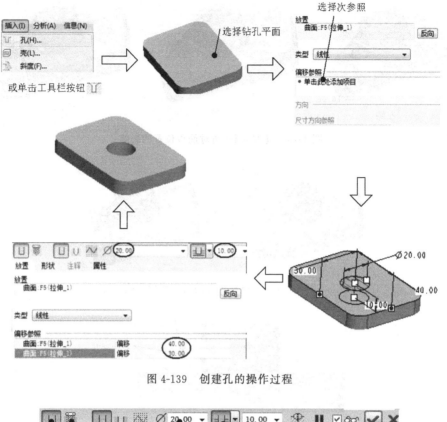

图 4-139 创建孔的操作过程

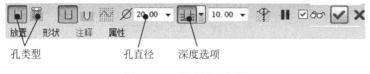

图 4-140 孔面板示意图

图 4-141 孔类型示意图

如图 4-142 所示进行操作,草绘部分与旋转命令进行切割实体操作类似。

单击【标准孔】按钮,孔面板将发生变化,如图 4-143 所示,再选择标准螺纹进行孔的创建。

② 放置。单击【孔】面板上的【放置】按钮,弹出如图 4-144 所示的面板,主要用于设置钻孔平面(主参照)和参照平面,以及孔的定位方式,下面主要对定位方式进行介绍。

• 线性:表示通过两个参照边或平面来确定圆孔的位置,如图 4-144 所示。

• 径向:表示以极坐标方式(半径)来确定圆孔的位置,但需指定中心轴线和参照平面,如图 4-145 所示,直径方式与径向方式相似。

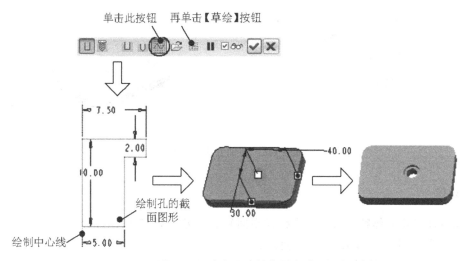

图 4-142 自定义孔操作示意图

图 4-143 【标准孔】示意图

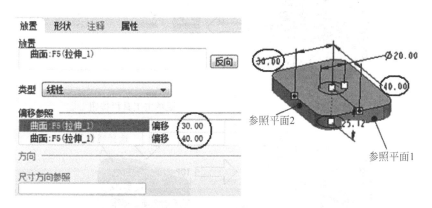

图 4-144 线性方式示意图

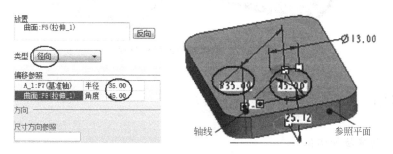

图 4-145 径向方式示意图

- 同轴：先选中钻孔的表面，按住 Ctrl 键，再单击轴线，此时孔的轴线和已知轴线重合，如图 4-146 所示。

图 4-146　同轴方式示意图

3. 镜像

镜像特征是将实体特征通过一个镜像平面复制到另一侧，其操作过程如下：

① 在绘图工作区选择需要镜像的特征。

② 选择主菜单中的【编辑】→【镜像】命令，或者单击工具栏上的【镜像】按钮 ，弹出【镜像】面板，在绘图区选择镜像平面，镜像平面可以是基准平面，也可以是实体面或曲面，完成后，单击【确定】按钮 ，整个操作过程如图 4-147 所示。

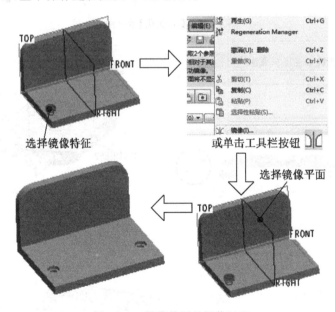

图 4-147　镜像特征的操作过程

任务实施

STEP 1　创建拉伸实体

单击工具栏上的【拉伸】按钮 ，弹出【拉伸】面板。单击【放置】→【定义】按钮，弹出【草绘】对话框。在工作区选择 FRONT 平面，完成后，单击【草绘】按钮。

使用草绘工具，绘制如图 4-148 所示的图形，完成后，单击【确定】按钮 。

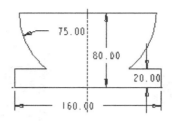

图 4-148　绘制草绘图形示意图

回到【拉伸】面板,设置参数如图 4-149 所示,完成后,单击【确定】按钮,结果如图 4-150 所示。

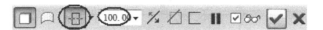

图 4-149　拉伸参数设置示意图

STEP 2　创建拉伸凸台

再次单击工具栏上的【拉伸】按钮,弹出【拉伸】面板。单击【放置】→【定义】按钮,弹出【草绘】对话框。单击【使用先前的】按钮,进入草绘环境。

使用草绘工具,绘制如图 4-151 所示的图形,完成后,单击【确定】按钮。

回到【拉伸】面板,设置参数如图 4-152 所示,完成后,单击鼠标中键,结果如图 4-153 所示。

图 4-150　创建的零件主体

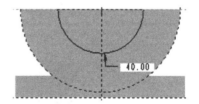

图 4-151　绘制草绘图形示意图

图 4-152　拉伸参数设置示意图

STEP 3　创建拉伸上盖板

再次单击工具栏上的【拉伸】按钮,弹出【拉伸】面板。单击【放置】→【定义】按钮,弹出【草绘】对话框。在绘图区选择如图 4-154 所示 S1 作为草绘平面,完成后,单击【草绘】,进入草绘环境。

使用草绘工具,绘制如图 4-155 所示的图形,完成后,单击【确定】按钮。

回到【拉伸】面板,设置参数如图 4-156 所示,完成后,单击鼠标中键,结果如图 4-157 所示。

图4-153 生成的拉伸凸台

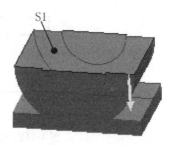
图4-154 选择草绘平面示意图

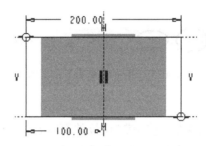
图4-155 绘制草绘图形示意图

图4-156 拉伸参数设置示意图

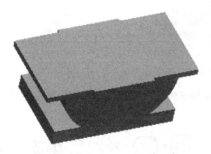
图4-157 拉伸生成的上盖板

STEP 4 拉伸切割半圆柱孔

单击工具栏上的【拉伸】按钮 ,弹出【拉伸】面板。单击【放置】→【定义】按钮,弹出【草绘】对话框。在绘图区选择如图4-158所示S2作为草绘平面,完成后,单击【草绘】,进入草绘环境。

使用草绘工具,绘制如图4-159所示的图形,完成后,单击【确定】按钮 。

回到【拉伸】面板,设置参数如图4-160所示,完成后,单击鼠标中键,结果如图4-161所示。

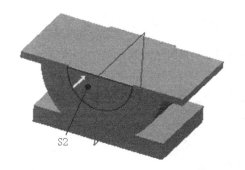
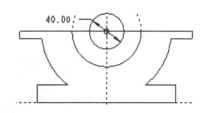

图 4-158　选择草绘平面示意图　　　　图 4-159　绘制草绘图形示意图

图 4-160　拉伸参数设置示意图

图 4-161　切割后的半圆柱孔示意图

STEP 5　*旋转切割半圆柱槽*

单击工具栏上的【旋转】按钮，弹出【旋转】面板。单击【放置】→【定义】按钮，弹出【草绘】对话框。在绘图区选择如图 4-162 所示 S3 平面作为草绘平面，完成后，单击草绘按钮。

使用草绘工具绘制如图 4-163 所示的草绘图形和旋转轴，完成后，单击【确定】按钮。

回到【旋转】面板，设置参数如图 4-164 所示，完成后，单击鼠标中键，结果如图 4-165 所示。

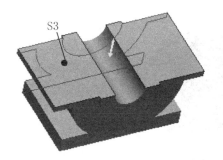
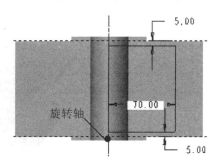

图 4-162　绘制草绘平面示意图　　　　图 4-163　旋转草绘图形

图 4-164　旋转参数设置示意图

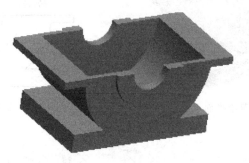

图 4-165　旋转切割后的示意图

STEP 6　创建孔特征

单击工具栏上的【孔】按钮，弹出【孔】面板。在绘图区中选择如图 4-166 所示的钻孔平面 S1。单击【放置】按钮，弹出【参照】面板。设置定位方式为【径向】，再选择【偏移参照】栏，然后选择轴线 L1，再按住 Ctrl 键选择平面 S2，并设置参数如图 4-167 所示。完成后，单击【确定】按钮，结果如图 4-168 所示。

STEP 7　选择阵列命令

在模型树上选择上面旋转的孔，单击右键弹出快捷菜单，选择【阵列】命令。

STEP 8　选择阵列方式

弹出【阵列】面板，选择【轴】方式，并在绘图区选择轴线 L1。

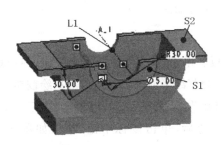

图 4-166　绘制图素示意图

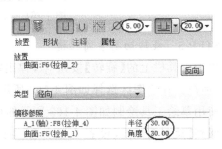

图 4-167　孔形参数设置

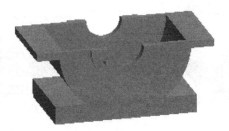

图 4-168　生成的孔特征

STEP 9 设置阵列参数

在【阵列】面板上设置阵列个数以及旋转角度,完成后,单击【确定】按钮,整个操作过程如图 4-169 所示。

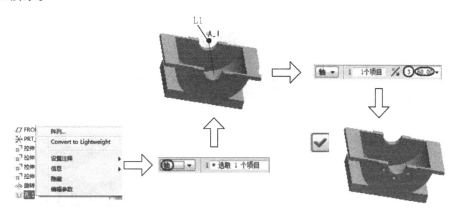

图 4-169 阵列的操作过程

STEP 10 镜像孔

在模型树上选择阵列特征,然后单击工具栏上的【镜像】按钮 ,弹出【镜像】面板。

在绘图工作区选择镜像平面 S1,完成后,单击【确定】按钮 。整个操作过程如图 4-170 所示。

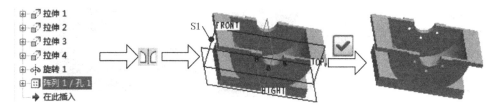

图 4-170 镜像孔的操作过程

STEP 11 使用孔工具创建孔

单击工具栏上的【孔】按钮 ,弹出【孔】面板。在绘图区选择如图 4-171 所示的钻孔平面 S1。单击【放置】按钮,弹出【参照】面板。设置定位方式为【线性】,再选择【偏移参照】栏,然后选择平面 S2,再按住 Ctrl 键选择平面 S3,并设置参数如图 4-171 所示。完成后,单击【确定】按钮,操作过程如图 4-171 所示。

图 4-171 创建孔的操作过程

STEP 12 选择阵列命令

在模型树上选择上面孔,单击右键弹出快捷菜单,选择【阵列】命令,弹出【阵列】面板。选择【方向】方式,并在绘图区单击棱边 L1。设置阵列如图 4-172 所示的参数。

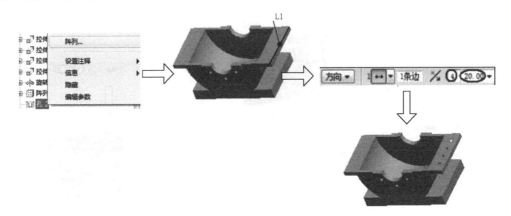

图 4-172 镜像孔 2 的操作过程

STEP 13 镜像孔

在模型树上选择阵列特征,然后单击工具栏上的【镜像】按钮 ,弹出【镜像】面板。在绘图工作区选择镜像平面 S1,完成后,单击【确定】按钮 ,整个操作过程如图 4-173 所示。

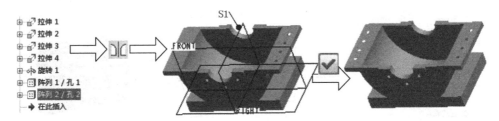

图 4-173 阵列的操作过程

STEP 14 创建筋特征

单击工具栏上的【基准平面】按钮 ,选择如图 4-174 所示的平面 S1,然后设置偏移距离为 25,结果如图 4-175 所示。

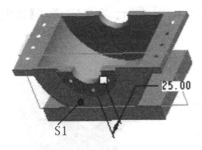 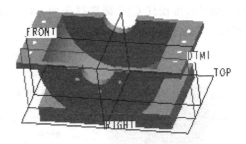

图 4-174 选择平面示意图　　　　　　　　图 4-175 创建的基准平面

单击工具栏上的【筋】按钮 ,弹出【筋】面板。单击【参照】→【定义】按钮。弹出【草绘】对话框。在绘图工作区选择 DTM1 基准平面作为草绘平面,完成后,单击【草绘】按钮。绘制如

图 4-176 所示的图形,完成后,单击【确定】按钮 ✓。

回到【筋】面板,在绘图工作区单击填充方向箭头,再在面板上设置筋板厚度为 5,完成后,单击【确定】按钮,结果如图 4-177 所示。

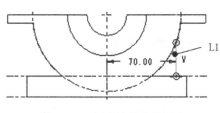
图 4-176 创建筋的草绘图形

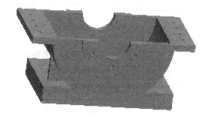
图 4-177 创建的筋板图形

STEP 15 创建阵列特征

在模型树上选择筋 1,单击右键弹出快捷菜单,选择【阵列】命令,弹出【阵列】面板。选择【方向】方式,并在绘图区选择轴线 L1。

在【阵列】面板上设置阵列个数为 3 以及距离为 25,完成后,单击【确定】按钮,整个操作过程如图 4-178 所示。

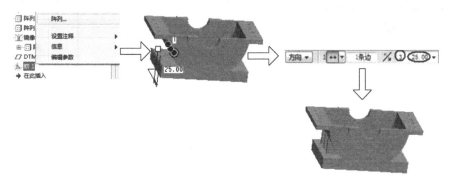
图 4-178 方向方式阵列操作过程

STEP 16 选择镜像命令

在绘图区选择上一步骤创建的阵列特征"阵列 3/筋 1",然后单击工具栏上的【镜像】按钮,弹出【镜像】面板。在绘图工作区选择镜像平面 S1,完成后,单击【确定】按钮 ✓。整个过程操作过程如图 4-179 所示。

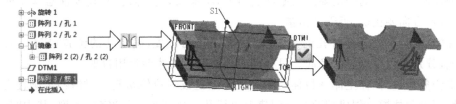
图 4-179 筋的镜像操作过程

STEP 17 保存文件

完成以上所有操作后,单击【保存】按钮 进行文件的保存。

任务评价

完成图 4-135 所示箱体造型,根据操作对评价表(见表 4-5)中的内容进行自我评价和老师评价。

表 4-5 项目 4 零件实体造型 任务 5 综合评价表

班级_____　　姓名_____　　学号_____

序号	评价内容	自我评价		
		很好	较好	尚需努力
1	解读任务内容			
2	正确使用孔工具、镜像工具、筋工具			
3	能灵活选择运用所学的各种工具完成造型任务			
4	在规定时间内完成(建议时间为 20min)			
5	学习能力,资讯能力			
6	分析、解决问题的能力			
7	学习效率,学习成果质量			
8	创新、拓展能力			
教师评价意见		综合等级　　　　　　　　　　　　教师签名确认		

日期:_____年_____月_____日

归纳梳理

◆ 创建筋工具时,筋一定要放在零件实体上,不能放在实体之外,还要注意草绘时不能封闭,且方向要正确,否则会出错。

◆ 孔的创建,首先选择打孔的平面,然后确定孔的位置,确定孔的位置(定位)有三种方式,分别是尺寸、同轴、径向。只有彻底理解其含义才能运用自如。

◆ 本任务通过"拉伸主体→拉伸凸台→拉伸上盖板→拉伸切割(去材料)半圆柱孔→旋转切割半圆柱槽→创建端面孔→创建上盖板孔→创建加强筋"完成造型,其中"创建端面孔和创建上盖板孔"可以用孔工具也可以拉伸切割孔来完成。

巩固练习

1. 完成如图 4-180 所示支架的造型。 难度系数★

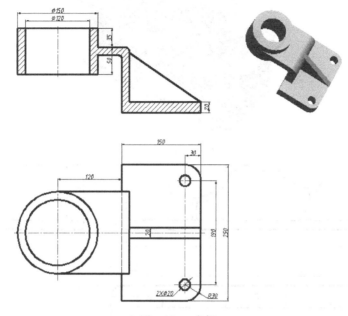

图 4-180 支架

2. 完成如图 4-181 所示法兰盘零件的造型。 难度系数★★

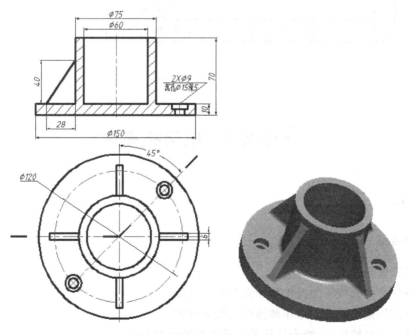

图 4-181 法兰盘

3. 完成如图 4-182 所示减速器箱底座的三维造型。　　　　　难度系数★★★

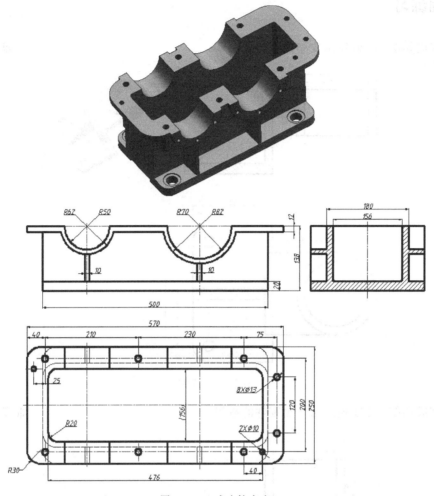

图 4-182　减速箱底座

📖 任务 6　电话机壳体

任务目标

1. 能力目标

- 能够读懂零件图。
- 能够学会抽壳特征的操作和抽壳参数的设置。
- 能够使用拔模特征的操作和拔模参数的设置。
- 能够运用拔模特征、抽壳特征等完成零件的造型设计。

2. 职业素养

- 培养严谨认真的工作态度。
- 培养学习能力。
- 培养分析问题和解决问题的能力。

任务内容

如图 4-183 所示电话机壳体造型。用 Pro/E 软件迅速地绘制，顺利完成任务。

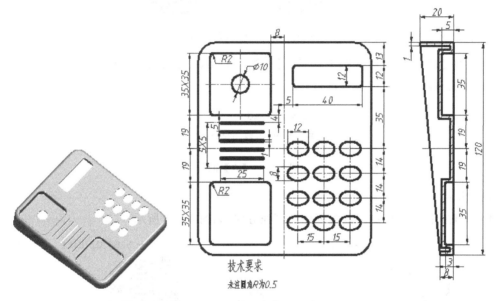

图 4-183 电话机壳体的三维图

任务分析

电话机壳体一般是塑料件，需要利用拔模和抽壳特征来完成，这两个特征在拔模和抽壳特征塑料产品设计中应用相当广泛，其中抽壳特征是将已有实体挖去内部材料而获得均匀的薄壁结构，主要用于薄壁类产品的设计；而拔模特征主要用于创建零件的侧面斜度。

知识储备

1. 抽壳的创建

抽壳是将实体零件挖空为薄壁零件，其操作步骤如下：

① 选择主菜单中的【插入】→【壳】命令，或者单击工具栏上的【壳】按钮 ⬚，弹出【壳】面板，设置抽壳厚度等参数。

② 在绘图工作区选择除去曲面，完成后，单击【确定】按钮 ✓。整个操作过程如图 4-184

所示。

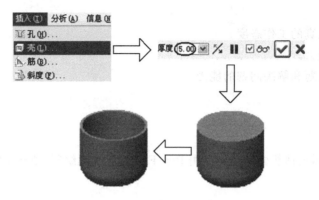

图 4-184　抽壳命令的操作过程

创建抽壳命令时，最主要的工作是对【壳】面板的参数进行设置，【壳】面板如图 4-185 所示，下面主要对【壳】面板的参数进行介绍。

图 4-185　【壳】面板

（1）方向

【方向】按钮 ％ 主要用于设置创建的薄壳方向，如图 4-186 所示。

图 4-186　【方向】按钮示意图

（2）参照

单击【壳】面板上【参照】按钮，弹出如图 4-187 所示的面板，主要用于设置移除曲面和非厚度曲面，如图 4-188 所示。

图 4-187　不均匀厚度的设置

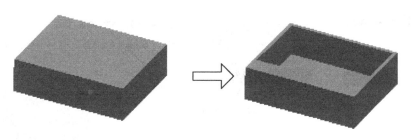

图 4-188 【参照】面板

（3）选项

单击【壳】面板上的【选项】按钮，弹出如图 4-189 所示的面板，主要用于选择排出曲面，创建不抽壳的部分，如图 4-190 所示。

图 4-189 【选项】面板

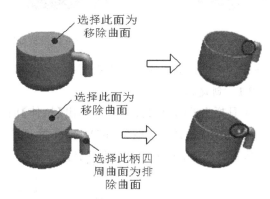

图 4-190 【选项】面板中排除的曲面对抽壳的影响

2. 拔模特征的创建

创建拔模特征是为了生成带有拔模斜度的表面，这在模具成形产品上应用较为广泛。在 Pro/E 中此命令称为拔模，其操作步骤如下：

① 选择主菜单中的【插入】→【斜度】命令，或者单击工具栏上的【拔模】按钮 。

② 弹出【斜度】面板，在绘图区选择需要拔模的曲面。

③ 在【拔模】面板中，单击【拔模枢轴】选项 ，再在绘图区选择拔模枢轴。

④ 再单击【拔模方向】选项 ，在绘图区选择拔模方向平面。

⑤ 此时【拔横】面板将出现拔模角度选项，设置拔模角度等参数，完成后，单击【确定】按钮 ，完成拔模特征的创建。整个操作过程如图 4-191 所示。

注意：如果第③步操作时，选择的是一个平面时而非边线，系统将会默认此平面方面的方向为拔模方向，可省略第④步操作。

任务实施

以上对抽壳和拔模特征的一般操作步骤和主要参数进行了讲解。下面通过完成一个比较

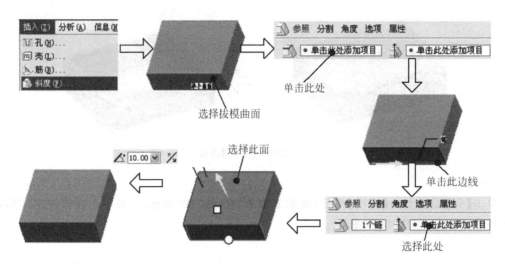

图 4-191 拔模特征的操作过程

典型的任务——电话机壳体造型来巩固抽壳和拔模特征的内容,如图 4-183 所示。

STEP 1 创建拉伸实体

单击工具栏上的【拉伸】按钮,弹出【拉伸】面板。单击【放置】→【定义】按钮,弹出【草绘】对话框。在绘图工作区选择 FRONT 平面,完成后,单击【草绘】按钮,进入草绘,画出如图 4-192 所示的图形,完成后,单击【确定】按钮。

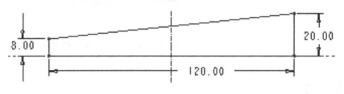

图 4-192 拉伸草绘图形

回到【拉伸】面板,设置参数如图 4-193 所示,完成,单击【确定】按钮,结果如图 4-194 所示。

图 4-193 拉伸图形的参数设置

图 4-194 拉伸后的实体图形

STEP 2 创建拔模特征

单击工具栏上的【拔模】按钮,弹出【拔模】面板。单击【参照】按钮,出现如图 4-195 所示面板。单击【拔模曲面】选项,在绘图区选择如图 4-196 所示的拔模平面 S1~S4;完成后,单击【拔模枢轴】选项,选择 FRONT 平面作为拔模基面。

系统在【拔模】面板上出现拔模角度等参数,设置拔模角度为 3°,如图 4-197 所示,完成后,单击【确定】按钮,零件的四个侧面产生 3°的拔模角,如图 4-198 所示。

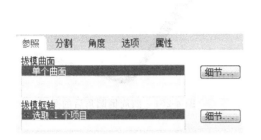

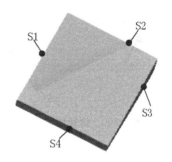

图 4-195　拔模参照面板　　　　　　　图 4-196　选择拔模曲面的示意图

图 4-197　拔模参数设置

图 4-198　生成的拔模特征

STEP 3　创建倒圆角

单击工具栏上的【倒圆角】按钮，弹出【实体倒圆角】面板,设置参数如图 4-199 所示。

在绘图区选择如图 4-200 所示的棱边 L1~L4,完成后,单击【实体倒圆角】面板上的【确定】按钮，结果如图 4-201 所示。

图 4-199　倒圆角参数的设置

STEP 4　创建倒圆角

单击工具栏上的【倒圆角】按钮，弹出【实体倒圆角】面板,设置参数如图 4-202 所示。

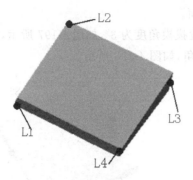

图 4-200　选择倒圆角边线示意图　　　图 4-201　四周倒圆角后的图形

图 4-202　倒圆角参数的设置

在绘图区选择如图 4-203 所示的棱边 L1～L4，完成后，单击【实体倒圆角】面板上的【确定】按钮 ，结果如图 4-204 所示。

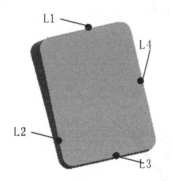

图 4-203　选择倒圆角边线示意图　　　图 4-204　四周倒圆角后的图形

STEP 5　创建拉伸方孔

单击工具栏上的【拉伸】按钮 ，弹出【拉伸】面板。单击【放置】→【定义】按钮，弹出【草绘】对话框。在绘图工作区选择如图 4-205 所示平面 S1 作为草绘平面，使用草绘工具绘制如图 4-206 所示的草图，完成后，单击【确定】按钮 。

回到【拉伸】面板，设置参数深度为 5，单击【去除材料】按钮，再单击【方向】按钮 ，完成后，单击【确定】按钮 ，结果如图 4-207 所示。

STEP 6　创建拉伸另一个方孔

单击工具栏上的【拉伸】按钮 ，弹出【拉伸】面板。单击【放置】→【定义】按钮，弹出【草绘】对话框。单击【使用先前的】平面作为草绘平面，在绘图工作区把 L1 和 L2 两条线作为参照线，使用草绘工具绘制如图 4-208 所示的草图，完成后，单击【确定】按钮 。

图 4-205 选择拉伸的草绘平面

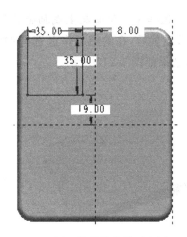

图 4-206 绘制草绘的示意图

图 4-207 创建的方孔

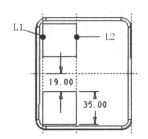

图 4-208 绘制草绘的示意图

回到【拉伸】面板,设置参数深度为 3,单击【去除材料】按钮,再单击【方向】按钮,完成后,单击【确定】按钮,结果如图 4-209 所示。

图 4-209 创建的另一个方孔

STEP 7 选择抽壳命令

单击工具栏上的【壳】按钮,弹出【壳】面板。

STEP 8 设置抽壳参数

设置抽壳参数如图 4-210 所示。

图 4-210 抽壳参数的面板

STEP 9 选择除去曲面及生成抽壳特征

完成参数设置后,在绘图工作区选择如图 4-211 所示的移除的曲面 S1,完成后,单击【确定】按钮,结果如图 4-212 所示。

图 4-211 选择除去曲面

图 4-212 生成的抽壳特征

STEP 10 拉伸窄槽

弹出【拉伸】面板,单击【放置】→【定义】按钮,弹出【草绘】对话框。在绘图工作区选择如图 4-213 所示的 S1 面作为草绘平面,完成后,单击【草绘】按钮,进入草绘环境。

使用草绘工具,绘制如图 4-214 所示的图形,完成后,单击【确定】按钮。

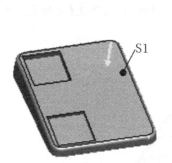
图 4-213 选择草绘平面

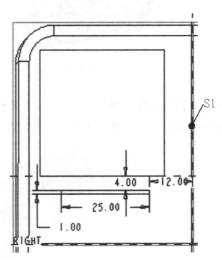
图 4-214 草绘图形示意图

回到【拉伸】面板,设置参数如图 4-215 所示,确认预览图形无误后,单击鼠标中键,结果如图 4-216 所示。

图 4-215 拉伸参数设置示意图

STEP 11 阵列窄槽

在模型树上或绘图区选择窄槽特征,单击工具栏上的【阵列】按钮,弹出【阵列】面板。

图 4-216 拉伸结果示意图

选择【方向】方式,并在绘图工作区选择线 L1,在【阵列】面板上设置阵列个数为 6 和间距为 5,完成后,单击【确定】按钮 ,整个过程如图 4-217 所示。

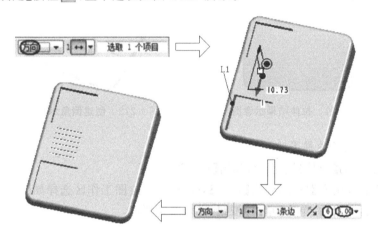

图 4-217 阵列窄槽操作过程示意图

STEP 12 拉伸长方形槽

单击工具栏上的【拉伸】按钮 ,弹出【拉伸】面板。单击【放置】→【定义】按钮,弹出【草绘】对话框。在绘图工作区选择如图 4-218 所示的草绘平面,完成后,单击【草绘】按钮,进入草绘环境。

在绘图工作区单击 L1 作为参照线,使用草绘工具,绘制如图 4-219 所示的图形,完成后,单击【确定】按钮 。

图 4-218 选择草绘平面

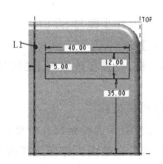

图 4-219 草绘图形示意图

回到【拉伸】面板，设置参数如图 4-220 所示，确认预览图形无误后，单击鼠标中键，结果如图 4-221 所示。

图 4-220　拉伸参数设置示意图

STEP 13　创建倒角特征

单击工具栏上的【倒圆角】按钮，弹出【实体倒圆角】面板。设置倒圆角半径为 2，在绘图工作区选择长方形槽的四个竖立棱边，如图 4-222 所示，完成后，单击【实体倒圆角】面板上的【确定】按钮，结果如图 4-223 所示。

图 4-221　拉伸结果示意图　　　　　图 4-222　创建倒角示意图

STEP 14　创建拉伸椭圆孔

单击工具栏上的【拉伸】按钮，弹出【拉伸】面板。

单击【放置】→【定义】按钮，弹出【草绘】对话框。在绘图工作区选择如图 4-224 所示 S1 面作为的草绘平面，完成后，单击【草绘】按钮，进入草绘环境。

图 4-223　倒角后示意图　　　　　图 4-224　选择草绘平面

再选择参照线，操作步骤与 STEP12 相同，再使用草绘工具绘制如图 4-225 所示的图形，完成后，单击【确定】按钮。

回到【拉伸】面板，设置参数如图 4-226 所示，确认预览图形无误后，单击鼠标中键，结果如图 4-227 所示。

STEP 15　阵列椭圆孔

在模型树上或绘图区选择椭圆孔特征，单击工具栏上的【阵列】按钮，弹出【阵列】面板。选择【方向】方式，然后在绘图工作区选择线 L1，在【阵列】面板上设置阵列个数为 4 和间距为 14。完成后，单击【单击此处增添项目】框，在绘图工作区选择线 L2，在【阵列】面板上设置阵列

项目 4 零件实体造型

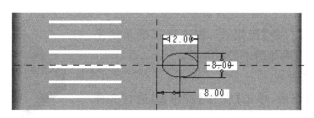

图 4-225 草绘平面

图 4-226 拉伸参数设置

图 4-227 拉伸椭圆孔示意图

个数为 3 和间距为 15,确定没有错误后,单击【确定】按钮✓。整个过程如图 4-228 所示。

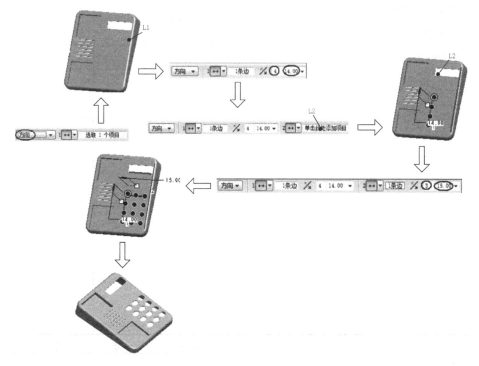

图 4-228 阵列椭圆孔的操作过程

STEP 16 拉伸孔

单击工具栏上的【拉伸】按钮 ,再选择正确草绘平面,去除材料,完成的图形如图 4-229 所示。

STEP 17 保存文件

完成以上所有操作后,单击【保存】按钮 进行文件的保存。

任务评价

图 4-229 最终电话机壳体造型

完成图 4-183 所示电话机壳体造型,根据操作对评价表(见表 4-6)中的内容进行自我评价和老师评价。

表 4-6 项目 4 零件实体造型 任务 6 综合评价表

班级_____ 姓名_____ 学号_____

序号	评价内容	自我评价		
		很好	较好	尚需努力
1	解读任务内容			
2	正确使用拔模工具、壳工具			
3	能灵活选择学过各种工具完成造型			
4	在规定时间内完成(建议时间为 30min)			
5	学习能力,资讯能力			
6	分析、解决问题的能力			
7	学习效率,学习成果质量			
8	创新、拓展能力			
教师评价意见		综合等级		
		教师签名确认		

日期:_____年_____月_____日

归纳梳理

◆ 本任务中学习了拔模和抽壳的操作步骤。
◆ 通过电话机壳体的创建,进一步学习拔模和抽壳的操作过程,同时也进一步练习阵列工具的使用方法。

巩固练习

1. 完成如图 4-230 所示零件的三维造型。　　　　　　　　　　　　难度系数★

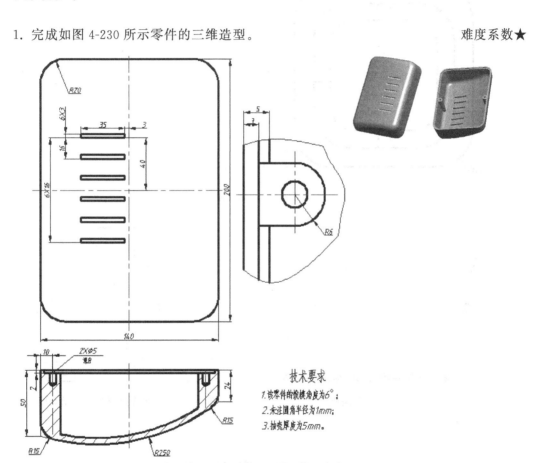

图 4-230　空调罩壳

2. 完成如图 4-231 所示烟灰缸的三维造型。　　　　　　　　　　　难度系数★★
3. 完成如图 4-232 所示电源插座盒的造型,电源插座盒的长×宽×高=86mm×86mm×8mm,拔模角度为 5,抽壳厚度为 1.5mm,两个孔的间距为 60,其他孔的相关尺寸如图 4-233 所示。

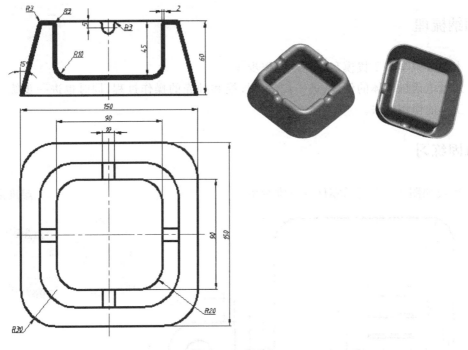

图 4-231 烟灰缸

图 4-232 电源插座

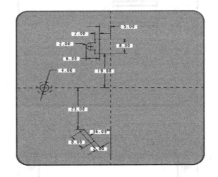

图 4-233 电源插座部分尺寸示意图

任务 7　弯 管 接 头

任务目标

1. 能力目标

- 能够读懂零件图。
- 能够了解扫描特征基础。
- 能够进行螺旋扫描特征的创建步骤。

- 能够设置螺旋扫描特征基本参数,能运用扫描特征和螺旋扫描进行造型。

2. 职业素养

- 培养严谨认真的工作态度。
- 培养学习能力。
- 培养分析问题和解决问题的能力。

任务内容

图 4-234 弯管接头

如图 4-234 所示为弯管接头,具体尺寸如图 4-235 所示,用 Pro/E 软件迅速地绘制出,并顺利完成任务。

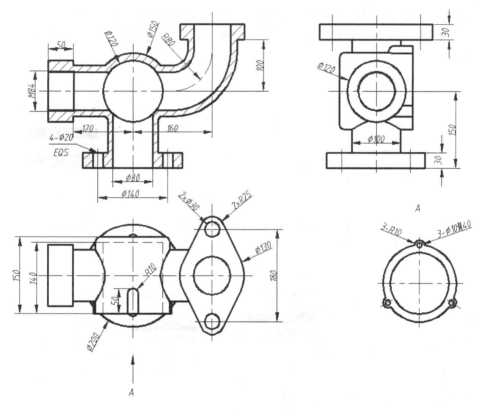

图 4-235 弯管接头二维图

任务分析

在完成弯管接头的造型过程中,必须应用到扫描特征和螺旋扫描特征。扫描特征是将二维截面图形沿着轨迹线运动所形成的实体,常用于两个方向均为圆弧曲线的实体特征创建。螺旋扫描主要是截面沿螺旋线所形成的实体,可以用它产生弹簧、螺纹等实体。

知识储备

1. 扫描特征的创建

扫描特征的一般操作步骤：

① 选择主菜单中的【插入】→【扫描】→【伸出项】命令，弹出【伸出项：扫描】对话框以及【扫描轨迹】菜单。

② 选择【草绘轨迹】选项，弹出【设置平面】菜单。选择草绘平面，弹出【方向】菜单，提示用户选择视角方向，选择【正向】选项。弹出【草绘视图】菜单，提示用户选择参照平面，选择【缺省】选项相对比较方便。

③ 进入草绘环境，绘制轨迹线，完成后单击【确定】按钮。

④ 系统再次进入草绘环境，绘制扫描截面图形，完成后单击【确定】按钮。

⑤ 回到【伸出项：扫描】对话框，单击【确定】按钮，完成扫描实体的创建。整个操作过程如图 4-236 所示。

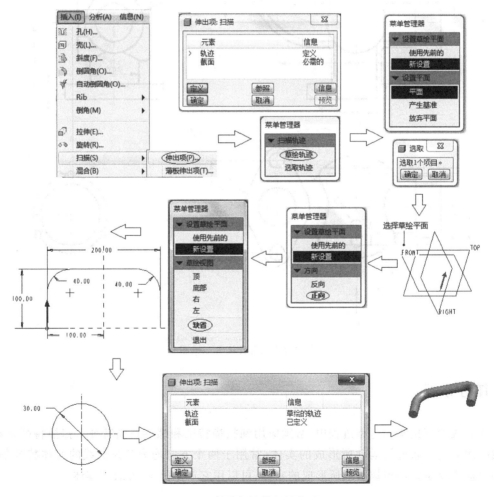

图 4-236　创建扫描特征操作过程

2. 螺旋扫描特征创建

扫描特征的一般操作步骤：

① 选取主菜单中的【插入】→【螺旋扫描】→【伸出项】命令，弹出【伸出项：螺旋扫描】对话框，以及【属性】菜单，用于设置螺旋方式。

② 按默认选项设置，再选择【完成】选项，弹出【设置平面】菜单。选择草绘平面，弹出【方向】菜单，提示用户选择视角方向。

③ 选择【正向】选项，弹出【草绘视图】菜单，提示用户选择参照平面，选择【缺省】选项相对比较方便。

④ 进入草绘环境，绘制螺旋中心线以及直线，其中直线长度表示螺旋距离，直线与中心线的距离为螺旋半径，完成后单击【确定】按钮。

⑤ 在"信息输入窗口"处输入螺旋节距，完成后单击【确定】按钮。

⑥ 系统再次进入草绘环境，绘制螺旋扫描截面图形，完成后单击【确定】按钮。

⑦ 回到【伸出项：螺旋扫描】对话框，单击【确定】按钮，完成扫描实体的创建。整个操作过程如图 4-237 所示。

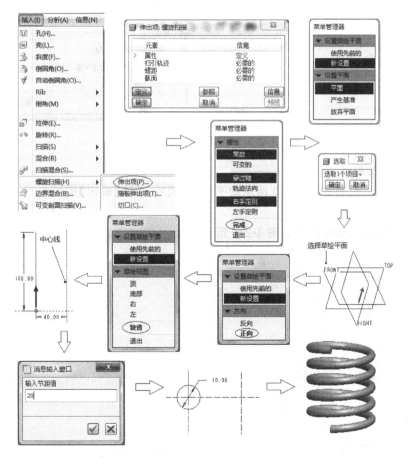

图 4-237 螺旋扫描特征操作过程

任务实施

以上对扫描、螺旋扫描特征的一般操作步骤和面板参数进行了讲解,现在来完成如图 4-233 所示弯管接头的创建,来巩固本模块所讲解的内容。

1. 生成底座

STEP 1 选择拉伸命令

单击工具栏上的【拉伸】按钮 ,弹出【拉伸】面板。

STEP 2 选择草绘平面

单击【放置】→【定义】按钮,弹出【草绘】对话框,如图 4-238 所示。在绘图工作区选择 TOP 平面,完成后,单击【草绘】按钮,进入草绘环境。

图 4-238 【草绘】对话框

STEP 3 草绘图形

使用草绘工具,绘制如图 4-239 所示的图形,完成后,单击【确定】按钮。

STEP 4 参数设置

回到【拉伸】面板,参数设置如图 4-240 所示。

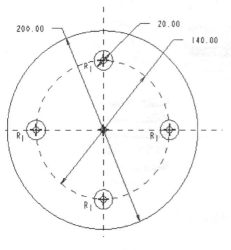

图 4-239 草绘底座

图 4-240 拉伸参数设置

STEP 5 生成底座

图形预览正确后,单击鼠标中键,生成底座如图 4-241 所示。

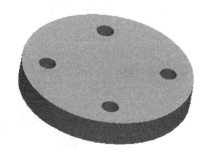

图 4-241 生成的底座

2. 创建带凸耳的圆柱

STEP 6 选择拉伸命令

单击工具栏上的【拉伸】按钮 ,弹出【拉伸】面板。

STEP 7 选择草绘平面

单击【放置】→【定义】按钮,弹出【草绘】对话框。在绘图工作区选择如图 4-242 所示的草绘平面,完成后,单击【草绘】按钮,进入草绘环境。

STEP 8 草绘图形

使用草绘工具,绘制如图 4-243 所示的图形,完成后,单击【确定】按钮。

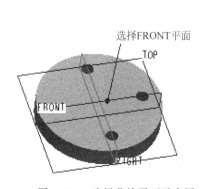

图 4-242 选择草绘平面示意图

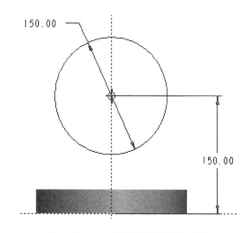

图 4-243 绘制的草绘图形示意图

STEP 9 参数设置

回到【拉伸】面板,参数设置如图 4-244 所示。

STEP 10 生成圆柱

图形预览正确后,单击鼠标中键,生成圆柱。

STEP 11 圆柱倒圆角

圆角半径为 R10,如图 4-245 所示。

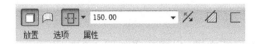

图 4-244　圆柱拉伸长度

图 4-245　圆柱倒圆角

STEP 12　创建凸耳

选择【拉伸】命令，草绘如图 4-246 所示凸耳外形，凸耳外形深度为单向拉伸 50。

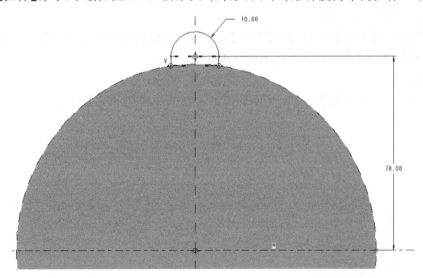

图 4-246　凸耳外形

再选择【拉伸】命令，草绘如图 4-247 所示凸耳内孔，内孔深度为 40。

图 4-247　凸耳内孔

对凸耳进行倒圆角,圆角半径为10,如图4-248所示。

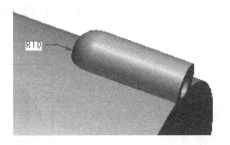

图4-248 凸耳倒圆角

将凸耳外形、内孔以及圆角组合成组,如图4-249所示。

图4-249 凸耳组

将凸耳组以轴方式阵列3个,生成如图4-250所示带凸耳的圆柱。

图4-250 带凸耳的圆柱

3. 创建连接圆柱

STEP 13 使用拉伸命令

单击工具栏上的【拉伸】按钮,弹出【拉伸】面板。

STEP 14 选择草绘平面

单击【放置】→【定义】按钮,弹出【草绘】对话框。在绘图工作区选择如图4-251所示的草绘平面(底座上表面),完成后,单击【草绘】按钮,进入草绘环境。

STEP 15 草绘图形

使用草绘工具,绘制如图 4-252 所示的图形,完成后,单击【确定】按钮。

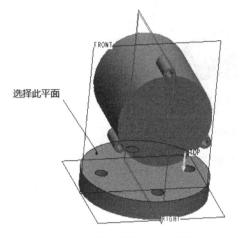
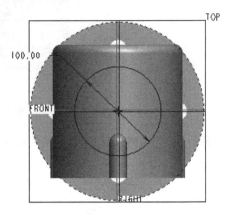

图 4-251 选择草绘平面示意图　　　图 4-252 绘制的草绘图形示意图

STEP 16 参数设置

回到【拉伸】面板,设置参数如图 4-253 所示。

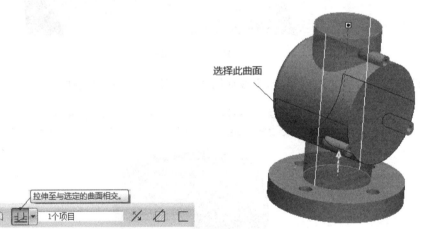

图 4-253 拉伸参数设置

STEP 17 生成连接圆柱

图形预览正确后,单击鼠标中键,生成连接圆柱,如图 4-254 所示。

4. 创建弯管实体

STEP 18 进入扫描特征创建

选择主菜单中的【插入】→【扫描】→【伸出项】命令,弹出【伸出项:扫描】对话框以及【扫描轨迹】菜单。

STEP 19 设置草绘平面

选择【草绘轨迹】选项,弹出【设置平面】菜单。选择草绘平面——FRONT 面,弹出【方向】

菜单。提示用户选择视角方向,选择【正向】选项,弹出【草绘视图】菜单。提示用户选择参照平面,选择【缺省】选项相对比较方便。选择如图4-255所示的FRONT平面。

图4-254 生成的连接圆柱

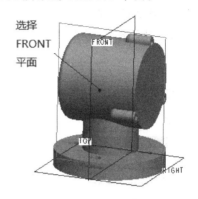
图4-255 设置草绘平面

STEP 20 草绘轨迹线

进入草绘环境,在绘制轨迹线前,需要先设置参照。选取带凸耳的圆柱直径上两点作为参照点,然后绘制轨迹线。完成后,单击 ✔ 按钮。具体操作步骤如图4-256所示。

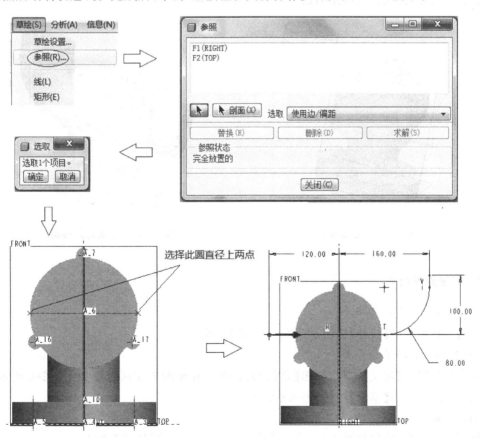
图4-256 草绘轨迹线

STEP 21　设置属性

轨迹线绘制结束后，弹出【属性】菜单，选择【自由端点】选项，单击【完成】。

STEP 22　草绘截面图形

系统再次进入草绘环境，绘制扫描截面图形，完成后，单击 ✔ 按钮。具体操作如图 4-257 所示。

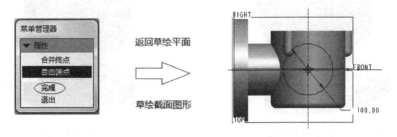

图 4-257　草绘截面图形

STEP 23　生成扫描实体

回到【伸出项：扫描】对话框，单击【预览】按钮，结果如图 4-258 所示。预览图形无误后，单击【确定】按钮，完成扫描实体的创建，如图 4-259 所示。

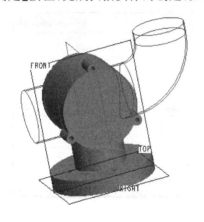 

图 4-258　预览扫描实体　　　　　　　　　图 4-259　生成的扫描实体

5. 创建菱形凸台

STEP 24　使用拉伸命令

单击工具栏上的【拉伸】按钮 ，弹出【拉伸】面板。

STEP 25　选择草绘平面

单击【放置】→【定义】按钮，弹出【草绘】对话框。在绘图工作区选择如图 4-260 所示的草绘平面，完成后，单击【草绘】按钮，进入草绘环境。

STEP 26　草绘图形

使用草绘工具，绘制如图 4-261 所示的图形，完成后，单击【确定】按钮。

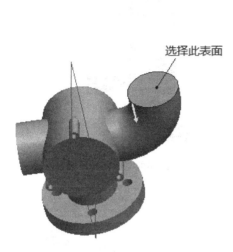

图 4-260 选择草绘平面示意图

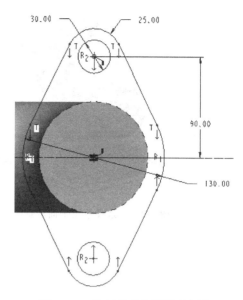

图 4-261 绘制的草绘图形示意图

STEP 27 生成菱形凸台实体

回到【拉伸】面板,设置参数为 30,图形预览正确后,单击鼠标中键,生成菱形凸台实体,如图 4-262 所示。

图 4-262 生成的菱形凸台

6. 创建带螺纹的圆柱

STEP 28 使用拉伸命令

单击工具栏上的【拉伸】按钮 ,弹出【拉伸】面板。单击【放置】→【定义】按钮,弹出【草绘】对话框。在绘图工作区选择如图 4-263 所示的草绘平面,完成后,单击【草绘】按钮,进入草绘环境。

使用草绘工具,绘制如图 4-264 所示的图形,完成后,单击【确定】按钮。

回到【拉伸】面板,设置参数如图 4-265 所示,完成后,单击【确定】按钮,结果如图 4-266 所示。

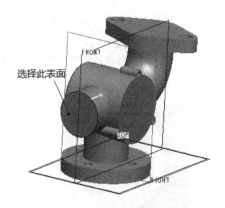
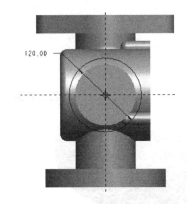

图 4-263　选择草绘平面示意图　　图 4-264　绘制的草绘图形示意图

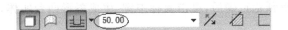

图 4-265　拉伸参数设置　　　　　图 4-266　创建的拉伸实体

7. 去除管道内实体

STEP 29　去除弯管内实体

选择主菜单中的【插入】→【扫描】→【切口】命令，弹出【切剪：扫描】对话框以及【扫描轨迹】菜单。选择【草绘轨迹】选项，弹出【设置平面】菜单。选择草绘平面——FRONT 面，弹出【方向】菜单。提示用户选择视角方向，选择【正向】选项，弹出【草绘视图】菜单。提示用户选择参照平面，选择【缺省】选项相对比较方便。具体操作如图 4-267 所示。

进入草绘环境，在绘制轨迹线前，需要先设置参照，选取轴线 A-12、A-13 作为参照，然后绘制轨迹线，如图 4-268 所示。完成后，单击 ✓ 按钮。

弹出【属性】菜单，选择【自由端点】选项，单击【完成】。系统再次进入草绘环境，绘制扫描截面图形，如图 4-269 所示。完成后，单击 ✓ 按钮。

回到【切剪：扫描】对话框，单击【预览】按钮，如图 4-270 所示。预览图形无误后，单击【确定】按钮，完成扫描切口的创建，如图 4-271 所示。

STEP 30　去除带凸耳的圆柱内的实体

单击工具栏上的【拉伸】按钮 ，弹出【拉伸】面板。单击【放置】→【定义】按钮，弹出【草绘】对话框。在绘图工作区选择如图 4-272 所示的草绘平面，完成后，单击【草绘】按钮，进入草绘环境。

使用草绘工具，绘制如图 4-273 所示的图形，完成后，单击【确定】按钮。

项目 4　零件实体造型

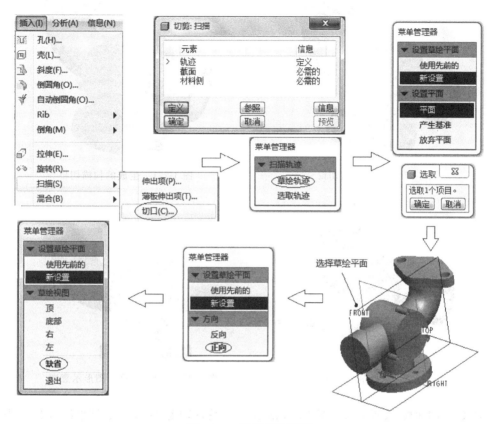

图 4-267　设置草绘平面

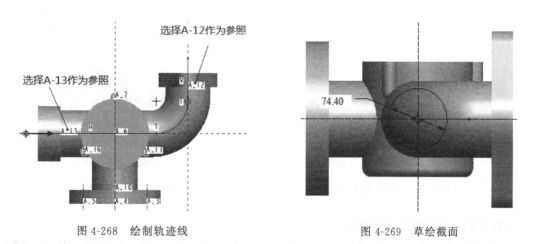

图 4-268　绘制轨迹线　　　　　　　图 4-269　草绘截面

图 4-270　预览扫描切口

图 4-271　生成的扫描切口

图 4-272　选择草绘平面示意图

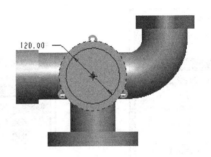
图 4-273　绘制的草绘图形示意图

回到【拉伸】面板,设置参数如图 4-274 所示,完成后,单击【确定】按钮,结果如图 4-275 所示。

图 4-274　拉伸参数设置

图 4-275　创建的拉伸实体

STEP 31　去除底座内的实体

单击工具栏上的【拉伸】按钮，弹出【拉伸】面板。单击【放置】→【定义】按钮,弹出【草绘】对话框。在绘图工作区选择如图 4-276 所示的草绘平面,完成后,单击【草绘】按钮,进入草绘环境。

使用草绘工具,绘制如图 4-277 所示的图形,完成后,单击【确定】按钮。

 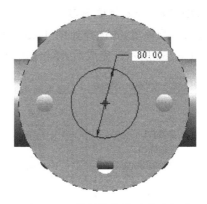

图 4-276 选择草绘平面示意图　　　　图 4-277 绘制的草绘图形示意图

回到【拉伸】面板,设置参数如图 4-278 所示,完成后,单击【确定】按钮,结果如图 4-279 所示。

图 4-278 拉伸参数设置

图 4-279 创建的拉伸实体

8. 生成螺旋扫描-切口特征(M84)

STEP 32　选择螺旋扫描命令

选择主菜单中的【插入】→【螺旋扫描】→【切口】命令。

STEP 33　设置草绘平面

弹出【切剪:螺旋扫描】对话框,以及【属性】菜单,用于设置螺旋方式。按默认选项设置,再选择【完成】选项。弹出【设置平面】菜单,选择草绘平面——FRONT 面,弹出【方向】菜单,提示用户选择视角方向,选择【正向】选项。弹出【草绘视图】菜单,提示用户选择参照平面,选择【缺省】选项相对比较方便。具体操作如图 4-280 所示。

STEP 34 绘制轨迹图形

进入草绘环境,先选择如图 4-281 所示的两条边作为参照,然后绘制螺旋中心线以及直线,如图 4-282 所示。完成后,单击【确定】按钮。

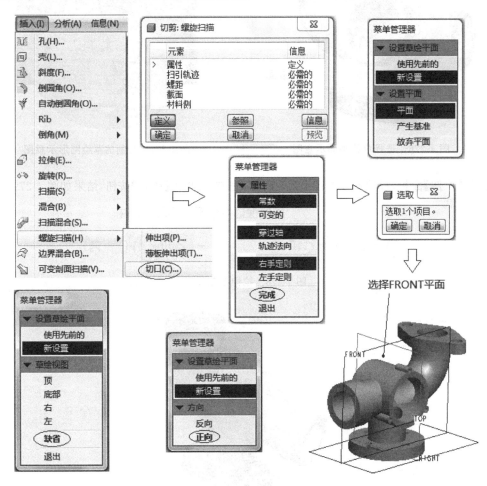

图 4-280 设置草绘平面

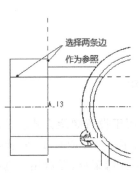

图 4-281 选择参照

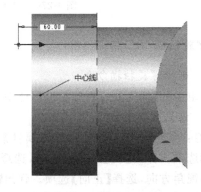

图 4-282 绘制轨迹图形

STEP 35 输入螺旋的节距值

在"信息输入窗口"处输入螺旋节距值 9,如图 4-283 所示。完成后,单击【确定】按钮。

STEP 36 绘制截面图形

系统再次进入草绘环境,绘制螺旋扫描截面图形,如图 4-284 所示。完成后,单击【确定】按钮。

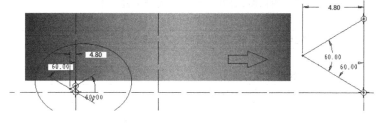

图 4-283 输入节距值   图 4-284 绘制的截面图形

> 注意:创建的螺纹为 M84,查询 GB/T 196—2003 普通螺纹基本尺寸,得出螺距为 9,小径为 74.4,故得出截面尺寸。

STEP 37 生成螺旋扫描-切口特征

弹出【方向】菜单,在绘图工作区显示如图 4-285 所示的切除材料方向箭头,选择【正向】选项。回到【切剪:螺旋扫描】对话框,单击【确定】按钮,结果如图 4-286 所示。

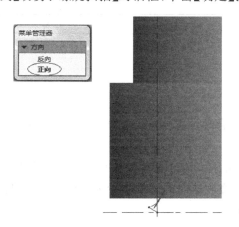

图 4-285 切割方向示意图   图 4-286 创建的螺纹特征

STEP 38 保存文件

完成以上所有操作后,单击【保存】按钮 进行文件的保存。

任务评价

完成图 4-233 所示弯管造型,根据操作对评价表(见表 4-7)中的内容进行自我评价和老师评价。

表 4-7　项目 4　零件实体造型　任务 7　综合评价表

班级_____　　姓名_____　　学号_____

序号	评价内容	自我评价		
		很好	较好	尚需努力
1	解读任务内容			
2	能灵活运用拉伸、倒圆角、阵列等特征创建			
3	能够运用扫描、螺旋扫描特征创建方法			
4	在规定时间内完成（建议时间为 60min）			
5	学习能力，资讯能力			
6	分析、解决问题的能力			
7	学习效率，学习成果质量			
8	创新、拓展能力			
教师评价意见		综合等级		
		教师签名确认		

日期：_____年_____月_____日

归纳梳理

◆ 扫描伸出项时，如果轨迹线上有圆角，应合理设置轨迹线上圆角 R1 的大小，R1 只有大于截面半径 R2，才能生成扫描实体。
◆ 创建内螺纹时，采用螺旋扫描——切口方式。M84 的螺纹应查表得出各参数尺寸。
◆ 制作不需尺寸的螺纹特征时，应保证三角形截面的高度小于节距的一半，才能保证不产生干涉现象，从而生成合理的螺纹特征。

巩固练习

1. 完成如图 4-287 所示弹簧零件的造型（尺寸自定）。　　　　　　难度系数★

图 4-287　弹簧

2. 完成如图 4-288 所示支架零件的造型。　　　　　　　　　　　　难度系数★★

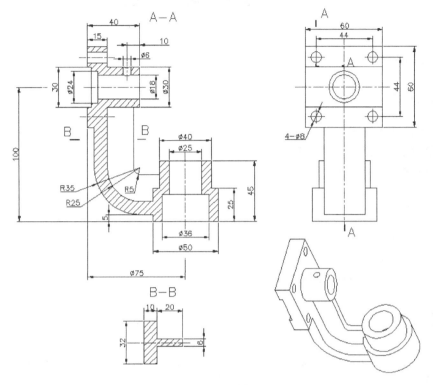

图 4-288　支架

3. 完成如图 4-289 所示零件的造型。　　　　　　　　　　　　　　难度系数★★★

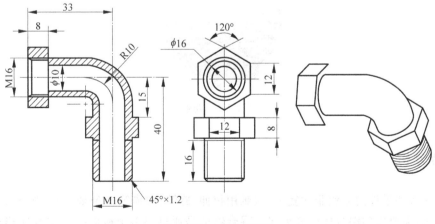

图 4-289　直角管接头

任务 8 花 盆

任务目标

1. 能力目标

- 能够读懂零件图。
- 能够使用混合特征的创建方法。
- 能够熟练运用特征的综合应用技巧。

2. 职业素养

- 培养严谨认真的工作态度。
- 培养学习能力。
- 培养分析问题和解决问题的能力。

任务内容

如图 4-290 所示为花盆,花盆具体尺寸如图 4-291 所示,用 Pro/E 软件迅速地绘制出,顺利完成任务。

图 4-290 花盆

任务分析

生活中有些零件的形状非常复杂,很难用拉伸、旋转、扫描等命令来创建,如图 4-290 所示的花盆示例,需要用到混合特征来创建。混合特征是通过很多个截面按一定顺序连接而生成的实体,可以完成复杂的零件造型设计。

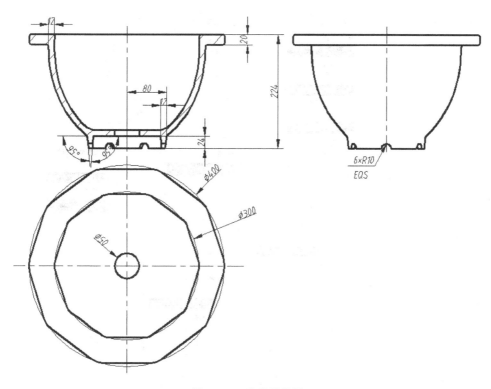

图 4-291 花盆零件图

知识储备

混合特征命令可以将多个截面按一定顺序连接而生成实体,其操作步骤如下:

① 选择主菜单中的【插入】→【混合】→【伸出项】命令,弹出【混合选项】菜单,选择混合类型,完成后,选择【完成】选项,弹出【伸出项:混合,平行,规则截面】对话框以及【属性】菜单,选择混合方式,完成后,选择【完成】选项,弹出【设置平面】菜单。

② 选择草绘平面,弹出【方向】菜单,提示用户选择视角方向,选择【正向】选项。

③ 弹出【草绘视图】菜单,提示用户选择参照平面,选择【缺省】选项。

④ 进入草绘环境,绘制轨迹线混合截面1,完成后,单击鼠标右键,弹出快捷菜单,选择【切换剖面】命令。再绘制混合截面2,如果继续绘制其他截面,再调出快捷菜单选择【切换剖面】命令,进行下一个截面的绘制,完成后,单击【确定】按钮。

⑤ 在"消息输入窗口"处,提示用户输入截面深度,完成后,系统回到【伸出项:混合,平行,规则截面】对话框。单击【确定】按钮,完成混合实体的创建。整个操作过程如图 4-292 所示。

任务实施

以上对混合特征的一般操作步骤和面板参数进行了讲解,现在来完成如图 4-289 所示花盆的创建,来巩固本模块所讲解的内容。

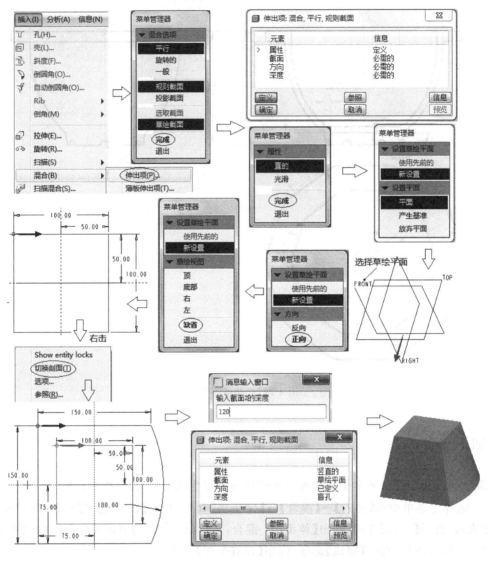

图 4-292 创建混合特征操作过程

1. 创建花盆主体

STEP 1 选择混合命令

选择主菜单中的【插入】→【混合】→【伸出项】命令,弹出【混合选项】菜单,按默认设置,完成后,选择【完成】选项。

弹出【伸出项:混合,平行】对话框以及【属性】菜单,选择【光滑】选项,完成后,选择【完成】选项,弹出【设置平面】菜单。在绘图工作区选择 FRONT 基准平面作为草绘平面,弹出【方向】菜单。选择【正向】选项,弹出【草绘视图】菜单。选择【缺省】选项,系统便进入草绘环境。

进入草绘环境后,使用调色板工具,绘制半径为 160 的内接十边形。

完成后,单击右键,弹出快捷菜单,选择【切换剖面】命令,再绘制半径为 120 的内接十边形。

完成后,再单击右键,弹出快捷菜单,选择【切换剖面】命令,再绘制直径为160的圆。

最后再绘制中心线,并使用【分割】命令，将圆打成十段与十边形对应,最终的结果如图4-293所示,完成后,单击【确定】按钮。

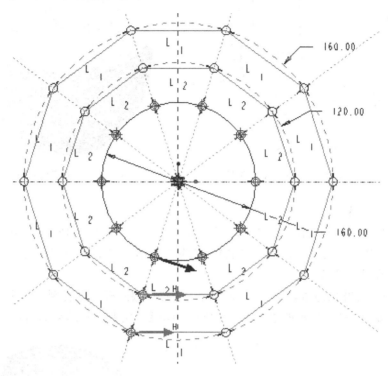

图4-293 绘制草绘图形示意图

注意：绘制如图4-293所示的草图时,一定要将起始方向保持一致。

此时在"消息输入窗口"处,提示用户输入截面深度,输入数值160,完成后,单击【确定】按钮。

再次提示输入截面深度,输入数值40,完成后,单击【确定】按钮,结果如图4-294所示。

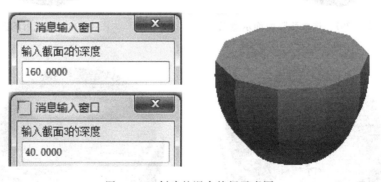

图4-294 创建的混合特征示意图

STEP 2 创建倒圆角

单击工具栏上的【倒圆角】按钮，弹出【实体倒圆角】面板。设置倒圆角半径为40。在绘图工作区选择如图 4-295 所示的边线 L1~L10,完成后,单击【确定】按钮,结果如图 4-296 所示。

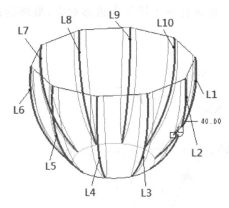

图 4-295 选取倒圆角边线示意图

图 4-296 倒圆角的图形

STEP 3 抽壳操作

单击工具栏上的【壳】按钮 ,弹出【壳】面板。设置抽壳厚度为 12,在绘图工作区选择如图 4-297 所示的移除曲面 S1,完成后,单击【确定】按钮,结果如图 4-298 所示。

STEP 4 创建倒圆角

单击工具栏上的【倒圆角】按钮 ,弹出【实体倒圆角】面板。设置倒圆角半径为 20,在绘图工作区选择如图 4-299 所示的边线 L1,完成后,单击【确定】按钮,结果如图 4-300 所示。

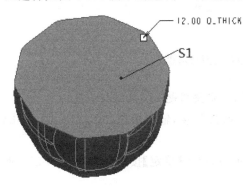

图 4-297 选取移除曲面示意图

图 4-298 抽壳后的图形

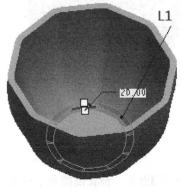

图 4-299 选取倒圆角边线示意图

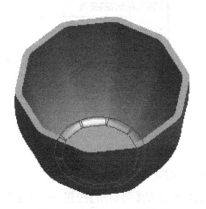

图 4-300 倒圆角后的图形

2. 创建花盆边沿

STEP 5 创建拉伸实体

单击工具栏上的【拉伸】按钮，弹出【拉伸】面板。单击【放置】→【定义】按钮，弹出【草绘】对话框。在绘图工作区选择如图 4-301 所示的草绘平面，完成后，单击【草绘】按钮。

进入草绘环境，选择 TOP 平面作为参照，使用草绘工具，绘制如图 4-302 所示的图形，完成后，单击【确定】按钮。

 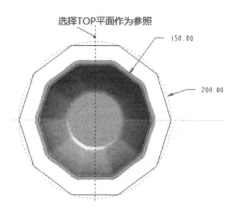

图 4-301 选择草绘平面示意图　　　　图 4-302 绘制草绘图形示意图

回到【拉伸】面板，设置深度为 20，单击【反向拉伸】按钮，如图 4-303 所示。完成后，单击【确定】按钮，结果如图 4-304 所示。

图 4-303 拉伸参数设置示意图　　　　图 4-304 拉伸产生的实体

STEP 6 创建倒圆角

单击工具栏上的【倒圆角】按钮，弹出【实体倒圆角】面板。设置倒圆角半径为 40，在绘图工作区选择如图 4-305 所示的边线 L1～L10，完成后，单击【确定】按钮，结果如图 4-306 所示。

STEP 7 创建倒圆角

单击工具栏上的【倒圆角】按钮，弹出【实体倒圆角】面板。设置倒圆角半径为 4，在绘图工作区选择如图 4-307 所示的边线 L1～L4，完成后，单击【确定】按钮，结果如图 4-308 所示。

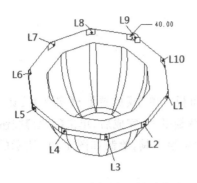
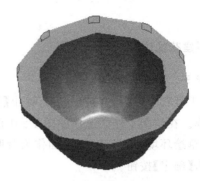

图 4-305　选取倒圆角边线示意图　　　　图 4-306　倒圆角后的图形

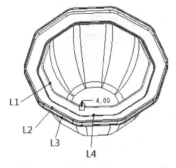

图 4-307　选取倒圆角边线示意图　　　　图 4-308　倒圆角后的图形

注意：倒角时只要选择如图 4-307 所示的边线将沿切向延伸，自动选择所有的边线。

3. 创建花盆盆底

STEP 8　创建旋转实体

单击工具栏上的【旋转】按钮，弹出【旋转】面板。单击【位置】→【定义】按钮，弹出【草绘】对话框。在绘图工作区选择 RIGHT 基准平面作为草绘平面，完成后，单击【草绘】按钮。

使用草绘工具绘制如图 4-309 所示的草绘图形和中心线，完成后，单击【确定】按钮。回到【旋转】面板，单击鼠标中键，结果如图 4-310 所示。

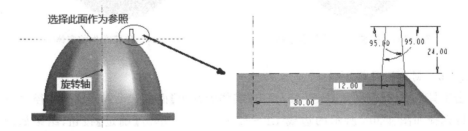

图 4-309　旋转截面图形

STEP 9　创建倒圆角

单击工具栏上的【倒圆角】按钮，弹出【实体倒圆角】面板。设置倒圆角半径为 6，在绘图工作区选择如图 4-311 所示的边线 L1,完成后,单击【确定】按钮,结果如图 4-312 所示。

图 4-310　旋转创建的图形　　　　　　图 4-311　选取倒圆角边线示意图

STEP 10　拉伸切割实体

单击工具栏上的【拉伸】按钮，弹出【拉伸】面板。单击【放置】→【定义】按钮,弹出【草绘】对话框。在绘图工作区选择 TOP 基准平面作为草绘平面,单击【草绘】按钮。

进入草绘环境,选择花盆底面为参照,使用草绘工具,绘制如图 4-313 所示的图形,完成后,单击【确定】按钮。

图 4-312　倒圆角后的图形　　　　　　图 4-313　绘制草绘图形示意图

回到【拉伸】面板,设置参数如图 4-314 所示。完成后,单击【确定】按钮,结果如图 4-315 所示。

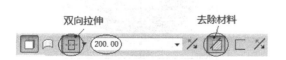

图 4-314　拉伸参数设置示意图　　　　图 4-315　拉伸切割后的图形

STEP 11　以旋转方式阵列拉伸特征

在模型树上选择上面创建的拉伸切割特征,单击工具栏上的【阵列】按钮，弹出【阵列】面板。选择【轴】方式,并在绘图工作区选择轴线 A1。

在【阵列】面板上设置阵列个数为 3 个,旋转角度为 120,完成后,单击【确定】按钮。整个操作过程如图 4-316 所示。

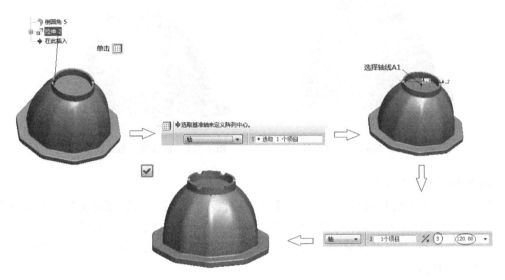

图 4-316　旋转方式阵列操作示意图

4．创建花盆排水孔

STEP 12　拉伸切割实体

单击工具栏上的【拉伸】按钮，弹出【拉伸】面板。单击【放置】→【定义】按钮，弹出【草绘】对话框。在绘图工作区选择如图 4-317 所示平面 S1 作为草绘平面，单击【草绘】按钮。

进入草绘环境，选择 TOP 平面作为参照，使用草绘工具，绘制如图 4-318 所示的图形，完成后，单击【确定】按钮。

图 4-317　选择草绘平面示意图　　　　图 4-318　绘制草绘图形示意图

回到【拉伸】面板，设置参数如图 4-319 所示。完成后，单击【确定】按钮，结果如图 4-320 所示。

STEP 13　保存文件

完成以上所有操作后，单击【保存】按钮进行文件的保存。

图 4-319　拉伸参数设置示意图

图 4-320　最后完成的图形

任务评价

完成图 4-289 所示花盆的造型,根据操作对评价表(见表 4-8)中的内容进行自我评价和老师评价。

表 4-8　项目 4　零件实体造型　任务 8　综合评价表

班级_____　　　姓名_____　　　学号_____

序号	评价内容	自我评价		
		很好	较好	尚需努力
1	解读任务内容			
2	能灵活运用拉伸、倒圆角、旋转、阵列等特征创建			
3	能够使用混合特征创建零件			
4	在规定时间内完成(建议时间为 20min)			
5	学习能力,资讯能力			
6	分析、解决问题的能力			
7	学习效率,学习成果质量			
8	创新、拓展能力			
教师评价意见		综合等级		
		教师签名确认		

日期:_____年_____月_____日

归纳梳理

- 在创建混合特征时,准确绘制截面图形是关键。每个截面图形绘制时一定要将起始方向保持一致。
- 在创建花盆边沿时,要注意拉伸的方向。
- 使用旋转特征创建花盆盆底比使用拉伸特征创建更为简洁、方便,但注意旋转特征创建时必须创建中心线,即旋转轴。
- 以旋转方式阵列拉伸特征时,应准确选择轴线、阵列个数以及旋转角度。当阵列个数较多时,计算旋转角度不方便,这时可选择【阵列】面板上的 按钮,它可设置阵列的角度范围,成员数目将在指定的角度上均分。

巩固练习

1. 完成如图 4-321 所示零件的造型(上面的方的尺寸为 200×120,中间的圆直径为 φ150,下面的方形尺寸为 400×250,两个截面的深均为 100)。　　　　难度系数★

图 4-321　混合造型练习图

2. 完成如图 4-322 所示名片盒零件的造型。　　　　难度系数★★

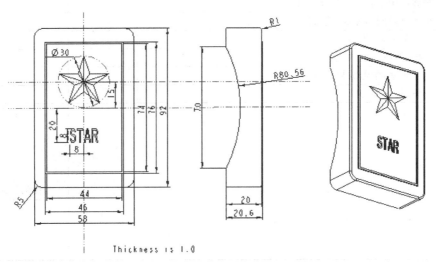

图 4-322　名片盒

3. 完成如图 4-323 所示肥皂盒零件的造型。　　　　　难度系数★★★

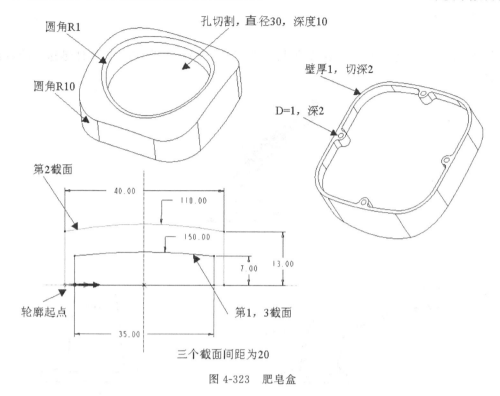

图 4-323　肥皂盒

任务 9　水　龙　头

任务目标

1. 能力目标

- 能够读懂零件图。
- 能够使用扫描混合特征的创建步骤。
- 能够正确运用软件熟练绘制具有扫描混合特征的零件。

2. 职业素养

- 培养严谨认真的工作态度。
- 培养学习能力。
- 培养分析问题和解决问题的能力。

任务内容

如图 4-324 所示为水龙头造型,具体尺寸如图 4-325 所示,用 Pro/E 软件迅速地绘制出,顺利完成任务。

图 4-324 水龙头示例

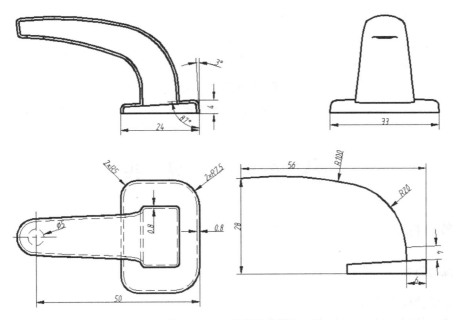

图 4-325 水龙头零件图

任务分析

水龙头造型过程中要用到拉伸、拔模、倒圆角、抽壳特征。由于水龙头的各部分截面尺寸不同,所以必须用综合扫描和混合特征——扫描混合特征创建才能实现。

知识储备

扫描混合特征,也可以看做扫描特征和混合特征的综合。它可以自由选择扫描轨迹,也可以自由地使用扫描截面。

要创建扫描混合,必须首先定义轨迹。草绘轨迹,或选取现有曲线和边。使用【扫描混合】面板或快捷菜单命令可配置扫描混合。具体步骤如下:

① 选择主菜单中的【插入】→【扫描混合】,弹出【扫描混合】面板。

② 选取轨迹线,单击【剖面】选项,选取一个位置点,然后单击【草绘】按钮,草绘剖面。单击【插入】按钮,可选取用于指定截面位置的附加点。必须至少定义两个横截面。

③ 草绘或选取所有横截面后,单击【确定】按钮,即可生成扫描混合特征。

整个操作过程如图 4-326 所示。

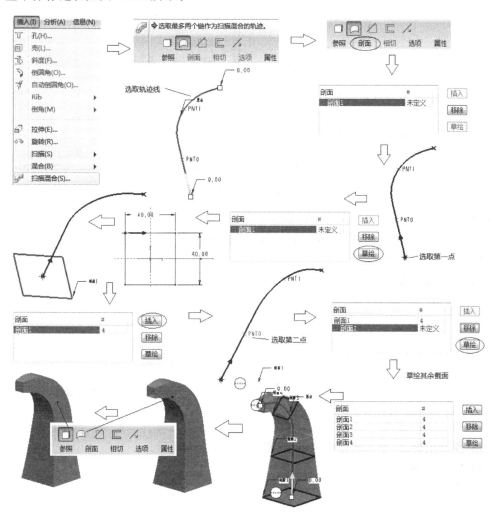

图 4-326 创建扫描混合特征操作过程

任务实施

以上对扫描混合特征的一般操作步骤和面板参数进行了讲解,现在来完成如图 4-325 所示水龙头的创建,来巩固本模块所讲解的内容。

1. 创建底座

STEP 1 选择拉伸命令

单击工具栏上的【拉伸】按钮 ,弹出【拉伸】面板。

STEP 2 选择草绘平面

单击【放置】→【定义】按钮,弹出【草绘】对话框,如图 4-327 所示。在绘图工作区选择 RIGHT 平面,完成后,单击【草绘】按钮,进入草绘环境。

图 4-327 【草绘】对话框

STEP 3 草绘图形

使用草绘工具,绘制如图 4-328 所示的图形,完成后,单击【确定】按钮。

STEP 4 拉伸参数设置

回到【拉伸】面板,参数设置如图 4-329 所示,双向拉伸。

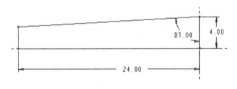
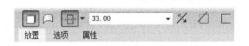

图 4-328 草绘底座　　　　　　图 4-329 拉伸参数设置

STEP 5 生成底座

图形预览正确后,单击鼠标中键,生成底座如图 4-330 所示。

STEP 6 倒圆角

倒圆角半径如图 4-331 所示。

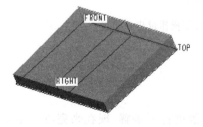
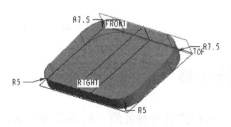

图 4-330 生成的底座　　　　　　图 4-331 圆柱倒圆角

STEP 7 底座拔模

单击工具栏上的【拔模】按钮,弹出【拔模】面板。在绘图工作区选择如图 4-332 所示的拔模曲面 S1~S4;完成后单击【拔模枢轴】选项,再在绘图工作区选择基准平面 S5(基准面 TOP);在【拔模】面板上设置拔模角度为 3°,单击【确定】按钮,零件的侧面将产生拔模角。

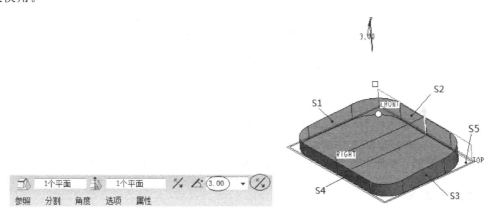

图 4-332 选择拔模曲面示意图

2. 创建轨迹线

STEP 8 草绘轨迹线

单击工具栏上的【草绘】按钮,选 RIGHT 面为草绘面,轨迹线示意图如图 4-333 所示。轨迹线应垂直于底座面,轨迹线起点应准确设在上表面上,故需选择上表面作为参照。

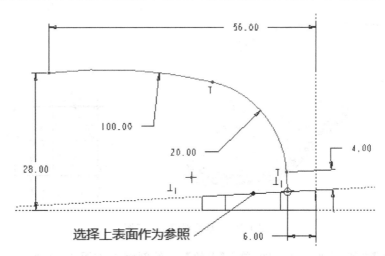

图 4-333 草绘轨迹线示意图

💣 问题探究:如何能更为快捷地修改轨迹线的尺寸?

STEP 9 创建基准点

选取轨迹线,单击工具栏上的【基准点】按钮,创建 0.33 和 0.7 处的基准点,如图 4-334

所示。

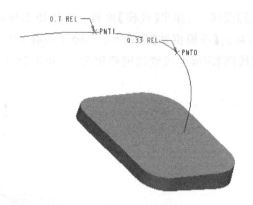

图 4-334 创建基准点示意图

问题探究：为什么有时无法准确地创建 0.33 和 0.7 处的基准点？

3. 创建水龙头实体

STEP 10 进入扫描混合特征创建

选择主菜单中的【插入】→【扫描混合】，弹出【扫描混合】面板。

STEP 11 草绘剖面

选取轨迹线，单击【剖面】选项，选取起点（P1），然后单击【草绘】按钮，草绘剖面 1，如图 4-335 所示。

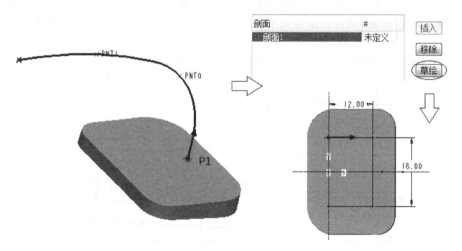

图 4-335 草绘剖面 1 示意图

单击【插入】按钮，选取点 PNT0，单击【草绘】，草绘剖面 2，如图 4-336 所示。

同理，单击【插入】按钮，选取点 PNT1，再单击【草绘】按钮，草绘剖面 3。单击【插入】按钮，选取终点（P2），再单击【草绘】按钮，草绘剖面 4，剖面示意图如图 4-337 所示。

STEP 12 生成扫描混合实体

剖面绘制完成后单击【确定】，然后单击【扫描混合】面板上的【实体】按钮，生成的扫描混合实体如图 4-338 所示。

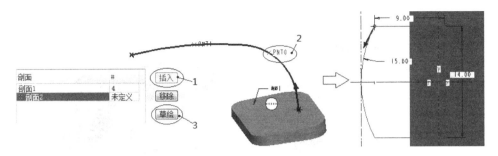

图 4-336　草绘剖面 2 示意图

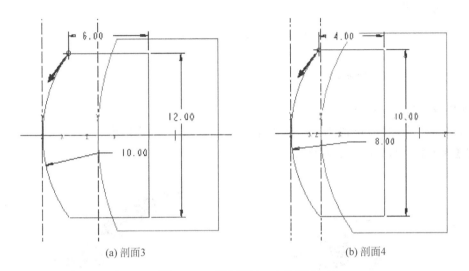

(a) 剖面3　　　　　　　　　　　　(b) 剖面4

图 4-337　草绘剖面 3、4 示意图

图 4-338　生成的扫描混合实体

问题探究：假如生成的扫描混合特征出现扭转现象，这是怎么回事？

STEP 13　创建倒圆角特征

单击工具栏上的【倒圆角】按钮，打开面板，再单击【设置】，按住 Ctrl 键选中如图 4-339 中所示的两条线，然后单击【完全倒圆角】按钮，再单击【确定】按钮，即可生成全圆角特征。

单击工具栏上的【倒圆角】按钮，打开面板，完成其余倒圆角特征，圆角半径均为 1.5，如图 4-340 所示。

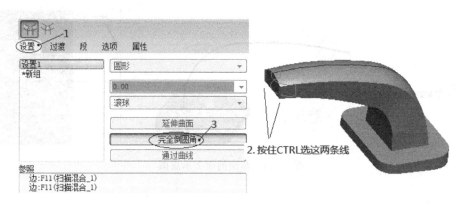

图 4-339　创建全圆角示意图

4. 水龙头抽壳和开出水口

STEP 14　创建抽壳特征

单击工具栏上的【抽壳】按钮 ，打开【抽壳】面板。设置抽壳厚度为 0.8，选择底面为移除面，单击【确定】按钮，如图 4-341 所示。

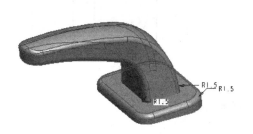

图 4-340　创建其余圆角示意图　　　　图 4-341　创建抽壳特征示意图

问题探究：为什么有些同学的造型无法抽壳？

STEP 15　开出水口

单击工具栏上的【拉伸】按钮 ，打开【拉伸】面板。选 TOP 面为草绘面，草绘出水口，选择拉伸深度为下一个曲面 ，再单击【去除材料】按钮 ，然后单击【确定】，如图 4-342 所示。

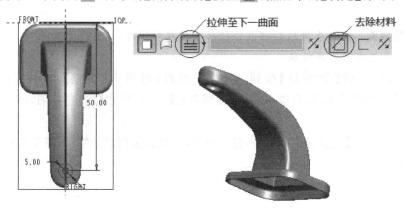

图 4-342　创建出水口示意图

STEP 16   保存文件

将轨迹线隐藏,完成水龙头造型,单击【保存】按钮 ,进行文件的保存。

任务评价

完成图 4-323 所示水龙头的造型,根据操作对评价表(见表 4-9)中的内容进行自我评价和老师评价。

表 4-9   项目 4   零件实体造型   任务 2   综合评价表

班级_____   姓名_____   学号_____

序号	评价内容	自我评价		
		很好	较好	尚需努力
1	解读任务内容			
2	正确使用"扫描混合"特征			
3	能灵活运用各种特征创建			
4	在规定时间内完成(建议时间为 30min)			
5	学习能力,资讯能力			
6	分析、解决问题的能力			
7	学习效率,学习成果质量			
8	创新、拓展能力			
教师评价意见		综合等级		
		教师签名确认		

日期:_____年_____月_____日

归纳梳理

- 本任务中使用了拉伸、拔模、倒圆角、抽壳和扫描混合特征。
- 修改轨迹线尺寸时,可以全选多个尺寸,单击【修改尺寸】按钮 ,将【再生】的勾选去除,即可完成全部尺寸修改,方便快捷。
- 在轨迹线上做基准点过程中,选取轨迹线时应注意,轨迹线只有变成粗红线才是选中了整条轨迹线(共三段),才能正确选取 0.33 处等分点;同理,完成 0.7 处基准点的创建。
- 熟练掌握扫描混合特征创建的步骤。先选轨迹线,再创建剖面。单击【剖面】选项,选取第一个点(起点),然后单击【草绘】按钮,草绘剖面 1;随后单击【插入】按钮,选取第二点,单击【草绘】,草绘剖面 2;以此类推,完成所有剖面的绘制。
- 创建剖面时,必须使每个剖面的起点保持一致,否则生成的扫描混合特征会出现扭转现象。
- 水龙头轨迹线应垂直于底座面,否则会造成水龙头与底座脱离,最终导致无法抽壳。

巩固练习

1. 完成如图 4-343 所示零件的造型,具体尺寸自行定义。　　　难度系数★

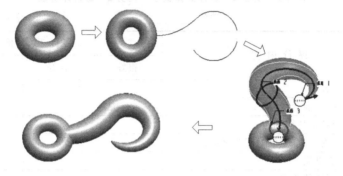

图 4-343　吊钩

2. 完成如图 4-344 所示烟斗零件的造型,尺寸自行定义。　　　难度系数★★

图 4-344　烟斗

3. 完成如图 4-345 所示零件的造型,尺寸自行定义。　　　难度系数★★★

图 4-345　排烟管道

任务 10 可乐瓶

任务目标

1. 能力目标

- 能够读懂零件图。
- 学会可变剖面扫描特征的创建方法。
- 学会填充、合并曲面、加厚曲面的操作方法。
- 能够运用常用特征的综合应用技巧。

2. 职业素养

- 培养严谨认真的工作态度。
- 培养学习能力。
- 培养分析问题和解决问题的能力。

任务内容

如图 4-346 所示为可乐瓶,具体尺寸如图 4-347 所示,用 Pro/E 软件迅速地绘制出,顺利完成任务。

任务分析

要完成可乐瓶造型,需要用到可变剖面扫描特征。可变剖面扫描是通过控制截面的方向或特性,使截面沿着一条或多条轨迹线进行扫描从而生成的特征。它也可以用图形控制草绘截面尺寸的变化量,还可以直接用参数控制草绘截面尺寸的变化量,具有强大的造型功能。

图 4-346 可乐瓶示例

知识储备

1. 可变剖面扫描中关系式的含义

在可变剖面扫描特征的创建中可以看到要输入一个关系式:sd4=sin(trajpar * 360 * 8),式中,sd 代表的是要控制的变化量,实际上也就是一个或几个尺

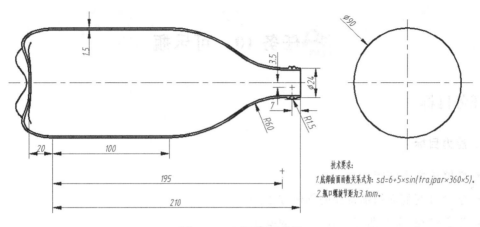

图 4-347 可乐瓶零件图

寸,可以通过标注得到想要控制的尺寸。sin(),是一个三角函数,不论括号里面是什么内容,它的数值都是在 −1~1 之间变化。sin()中的 trajpar 是个变量,也是一个系统变量,在整个扫描过程中,它的值是从 0~1 变化的。因此 trajpar * 360 的取值范围为 0~360,可以看成是一个圆周的角度变化。trajpar * 360 * 8,则代表了在扫描过程中经历了 8 个圆周变化,由此可知,其中的 8 表示周期。如图 4-347 所示,以圆为中枢轴的 8 个正弦曲线的波形。如果关系式为 sd6＝6＋5 * sin(trajpar * 360 * 5),其中 rajpar * 360,可以看成是一个圆周的角度变化。trajpar * 360 * 5,则代表了在扫描过程中经历了 5 个圆周变化；sin(),是一个三角函数,它的数值都是在 −1~1 之间变化,5 * sin(trajpar * 360 * 5)代表在 −5~5 之间变化；6＋5 * sin(trajpar * 360 * 5)代表的是 1~11 之间变化。在这个三角函数中 6 代表的是位移量,第 1 个 5 代表了振幅,第 2 个 5 代表了周期或者频率。

2. 可变剖面扫描特征的创建

可变剖面扫描特征的创建,其操作步骤如下:

① 单击工具栏中【可变剖面扫描】按钮 ,或选择主菜单中的【插入】→【可变剖面扫描】命令,弹出【可变剖面扫描】面板。

② 在绘图工作区选取一条或多条链用作扫描的轨迹,完成后,单击【可变剖面扫描】面板上的【创建扫描剖面】按钮 。

③ 草绘图形,完成后单击【工具】→【关系】命令,设置关系式,完成后单击【OK】选项。

④ 单击【确定】按钮,完成可变剖面扫描曲面的创建。

⑤ 选中完成的曲面,选择主菜单中的【编辑】→【加厚】命令,弹出【加厚】面板。输入厚度,单击【完成】选项。

⑥ 将草绘的轨迹线隐藏。整个操作过程如图 4-348 所示。

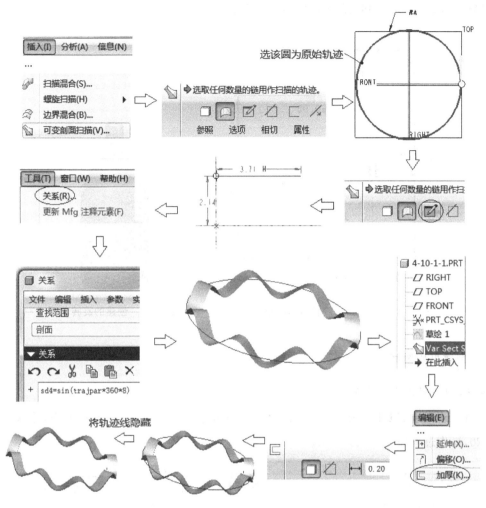

图 4-348 创建可变剖面扫描特征操作过程

任务实施

以上对可变剖面扫描特征的一般操作步骤和面板参数进行了讲解,接下来通过完成如图 4-345 所示可乐瓶的创建,来巩固本模块所讲解的内容。

1. 创建可乐瓶身

STEP 1 创建旋转曲面

单击工具栏上的【旋转】按钮,弹出【旋转】面板。单击【曲面】按钮,再单击【位置】→【定义】按钮,弹出【草绘】对话框。在绘图工作区选择 RIGHT 基准平面作为草绘平面,完成后,单击【草绘】按钮。

使用草绘工具绘制如图 4-349 所示的草绘图形和中心线,完成后,单击【确定】按钮。回到

【旋转】面板，单击鼠标中键，结果如图 4-350 所示。

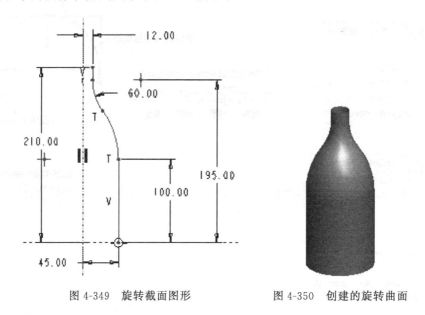

图 4-349　旋转截面图形　　　　图 4-350　创建的旋转曲面

2. 创建可乐瓶底

STEP 2　创建基准平面

单击工具栏上的【平面】按钮 ⟋，弹出【基准平面】对话框。选择 FRONT 面，输入偏距平移值 20，操作过程如图 4-351 所示。

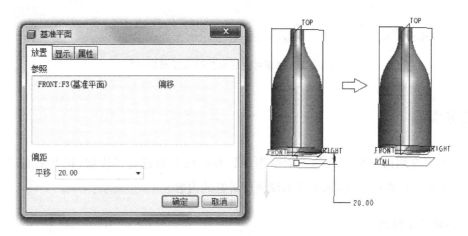

图 4-351　创建基准平面示意图

STEP 3　草绘轨迹线

单击工具栏中【草绘】按钮 ⟋，弹出【草绘】对话框。选择创建的基准平面 DTM1，再单击【草绘】，绘制如图 4-352 所示的图形，完成后，单击【确定】按钮。

STEP 4 创建可变剖面扫描曲面

单击工具栏中【可变剖面扫描】按钮，弹出【可变剖面扫描】面板。在绘图工作区选取先前的草绘图形作为轨迹，完成后，单击【可变剖面扫描】面板上的【创建扫描剖面】按钮。单击【草绘】工具栏中的【样条曲线】按钮，草绘如图 4-353 所示剖面图形。

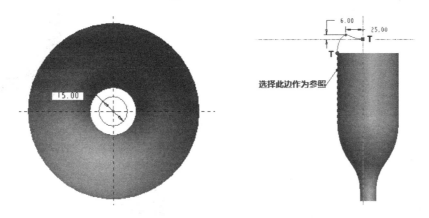

图 4-352　草绘轨迹线示意图　　　图 4-353　草绘扫描剖面示意图

注意：绘制的样条曲线的起点和终点方向应分别与相关直线相切。

完成后单击【工具】→【关系】命令，设置关系式：sd6＝6＋5 * sin(trajpar * 360 * 5)，完成后，单击【OK】选项。

再单击【确定】按钮，完成可变剖面扫描曲面的创建。操作过程如图 4-354 所示。

图 4-354　可变剖面扫描曲面生成的示意图

STEP 5 填充瓶底小孔曲面

选择主菜单中的【编辑】→【填充】命令，弹出【填充】面板。在绘图工作区选择先前的草绘圆，完成后，单击【确定】按钮。操作过程如图 4-355 所示。

3. 加厚可乐瓶

STEP 6 合并瓶身、瓶底和填充曲面

选中模型树中旋转曲面、可变剖面扫描曲面、填充曲面，单击工具栏中【合并】按钮，完成后，单击【确定】按钮，即可完成三曲面的合并。操作过程如图 4-356 所示。

图 4-355 填充瓶底小孔曲面示意图

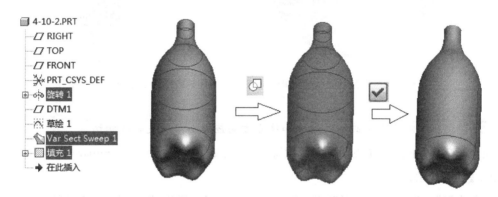

图 4-356 三曲面合并示意图

STEP 7 加厚可乐瓶

选中完成的合并曲面,选择主菜单中的【编辑】→【加厚】命令,弹出【加厚】面板。输入厚度 1.5,再单击【反向】按钮，完成后,单击【确定】按钮。操作过程如图 4-357 所示。

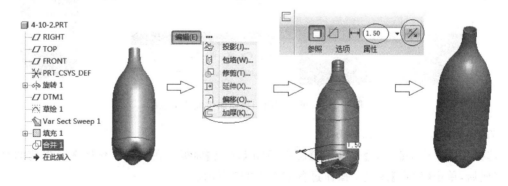

图 4-357 加厚可乐瓶示意图

4. 创建瓶口螺旋扫描实体

STEP 8 创建螺旋扫描伸出项

选择主菜单中的【插入】→【螺旋扫描】→【伸出项】命令,弹出【伸出项:螺旋扫描】对话框,以及【属性】菜单。按默认选项设置,选择【完成】选项。

弹出【设置平面】菜单,选择 TOP 平面作为草绘平面。弹出【方向】菜单,选择【正向】选项。弹出【草绘视图】菜单,选择【缺省】选项。

进入草绘环境,绘制如图 4-358 所示的螺旋中心线以及曲线,完成后,单击【确定】按钮。

在"消息输入窗口"处输入螺旋节距 3.1,完成后,单击【确定】按钮。

系统再次进入草绘环境,绘制如图 4-359 所示的螺旋扫描截面图形,完成后,单击【确定】按钮。

回到【伸出项:螺旋扫描】对话框,单击【确定】按钮,完成螺旋扫描实体的创建,如图 4-360 所示。

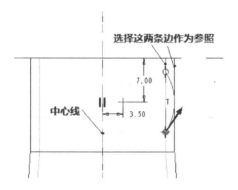
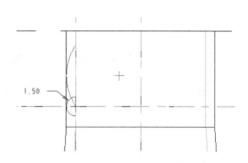

图 4-358 螺旋扫描轨迹线示意图　　　图 4-359 螺旋扫描截面图形示意图

图 4-360 创建的螺旋扫描实体

注意:绘制的截面图形为半圆,否则在瓶内会出现螺旋实体。

STEP 9 保存文件

完成以上所有操作后,将草绘的轨迹圆隐藏。单击【保存】按钮 进行文件的保存,如图 4-361 所示。

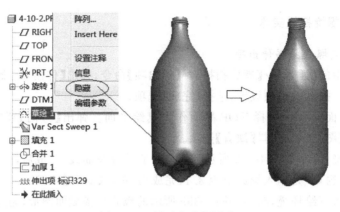

图 4-361　最后完成的图形

任务评价

完成图 4-345 所示可乐瓶造型,根据操作对评价表(见表 4-10)中的内容进行自我评价和老师评价。

表 4-10　项目 4　零件实体造型　任务 10　综合评价表

班级_____　　　姓名_____　　　学号_____

序号	评价内容	自我评价		
		很好	较好	尚需努力
1	解读任务内容			
2	正确使用可变剖面扫描特征创建方法			
3	学会填充、合并曲面、加厚曲面的操作方法			
4	在规定时间内完成(建议时间为 30min)			
5	学习能力,资讯能力			
6	分析、解决问题的能力			
7	学习效率,学习成果质量			
8	创新、拓展能力			
教师评价意见		综合等级		
		教师签名确认		
		日期:_____年_____月_____日		

归纳梳理

◆ 可变剖面扫描通过控制截面的方向或特性,使截面沿着一条或多条轨迹线进行扫描而生成的特征。它也可以用图形控制草绘截面尺寸的变化量,还可以直接用参数控制草绘截面尺寸的变化量,具有强大的造型功能。
◆ 在绘制本任务中的可变剖面扫描特征的剖面时,要注意绘制的样条曲线的起点和终点方向应分别与相关直线相切。
◆ 灵活运用填充、合并曲面、加厚曲面等工具。
◆ 创建本任务中的螺旋扫描时,注意螺旋扫描的截面应为半圆,从而保证瓶口内不出现螺旋实体。

巩固练习

1. 设计"加湿器喷气嘴罩"模型如图 4-362 所示。图 4-363 所示为原始轨迹曲线,图 4-364 所示为轮廓线,轮廓线变化关系式为:sd3＝sin(trajpar * 360 * 10) * 10＋10。模型厚度为 3,上边边缘圆角半径:1。

图 4-362 加湿器喷气嘴罩

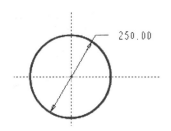

图 4-363 原始轨迹曲线

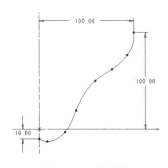

图 4-364 轮廓线

2. 设计方向盘模型如图 4-365 所示,波浪式圆形方向盘关系式为 sd5＝sd3×[1－(sin(trajpar×360×36)＋1)/8],具体尺寸如图 4-366 所示,未注的尺寸自定义。　难度系数★★

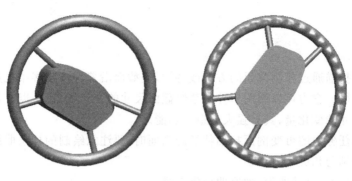

图 4-365 方向盘造型图

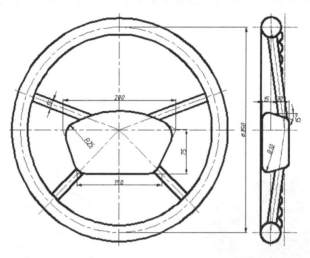

图 4-366 方向盘尺寸图

项目 5 装 配 设 计

Pro/E 的组件模块也叫装配模块,它将零部件按照一定的约束关系装配到组件中。本项目主要对装配的步骤以及各种约束条件进行详细讲解。

任务 1 铰链的设计

任务目标

1. 能力目标

- 能够读懂零件图、装配图。
- 能够使用装配约束条件。
- 能够运用装配设计方法。
- 能够学会装配设计的一般流程。

2. 职业素养

- 培养严谨认真的工作作风。
- 培养语言表达能力。
- 培养团队合作精神。
- 培养分析问题和解决问题的能力。

任务内容

本任务为如图 5-1 所示的铰链进行设计流程,并完成铰链的装配设计。

图 5-1 铰链的设计

任务分析

本任务包含零件设计和装配设计两部分内容,其中零件设计主要有拉伸、旋转、圆角、倒角和螺纹修饰;装配设计主要有添加销钉约束集、分解装配零件、绘制分解线。

知识储备

1. 零件装配环境

单击工具栏上的【新建】按钮 ![img], 弹出【新建】对话框。在【类型】栏中选中【组件】单选按钮, 在【子类型】栏, 选中【设计】单选按钮, 并输入名称, 如图 5-2 所示。去除【使用缺省模板】的勾选, 完成后, 单击【确定】按钮, 弹出【新文件选项】对话框。选择一个标准模板 mmns_asm_design, 如图 5-3 所示。完成后, 再单击【确定】按钮, 进入零件装配环境。

图 5-2 【新建】对话框

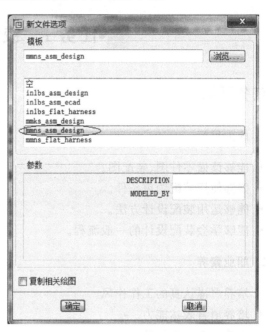

图 5-3 【新文件选项】对话框

2. 装配操作创建过程

装配操作的一般步骤如下:

① 单击工具栏上的【装配】按钮 ![img], 弹出【打开】对话框。

② 选择要装配的零件(也称元件), 完成后, 单击【打开】按钮, 将零件导入装配环境中。

③ 弹出【装配】面板, 选择组件和元件的装配几何进行配合, 选择约束条件如对齐、匹配、插入等, 以及偏移类型如重合、偏距等, 完成后, 单击【确定】按钮。

3. 装配约束条件

在进行装配操作时, 最主要的工作是设置【装配面板】上的约束条件, 如图 5-4 所示, 下面简要介绍其中几个约束。

(1) 匹配

【匹配】约束条件是将两个选中的参照平面, 以相对方式进行配合, 如图 5-5 所示。

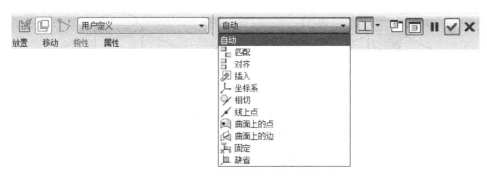

图 5-4 【装配】面板

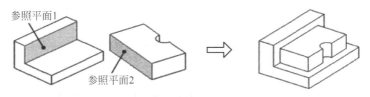

图 5-5 【匹配】操作示意图

在进行约束条件设置时，还需要设置匹配的偏移类型，如图 5-6 所示，主要有重合、定向和偏距 3 种类型，其含义如下。

① 重合：表示两个平面之间配合时无间隙。
② 定向：表示两个平面之间配合时，不设置偏移距离。
③ 偏距：表示两个平面配合时，通过输入数值，保持一定的间距。

（2）对齐

【对齐】约束条件是将两个选中的参照平面，以相互对齐的方式进行配合，如图 5-7 所示。

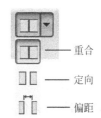

图 5-6 匹配偏移类型示意图

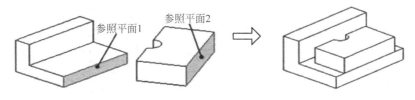

图 5-7 【对齐】操作示意图

（3）插入

【插入】约束条件是对两个选中的旋转曲面进行配合，如图 5-8 所示。当使用轴线进行配合不方便时，可以使用此约束条件。

（4）坐标系

【坐标系】约束条件是将元件中的坐标系与组件中的坐标系对齐，在操作中用户只要分别选取元件和组件坐标系即可，如图 5-9 所示。

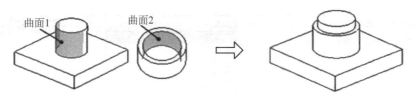

图 5-8 【插入】操作示意图

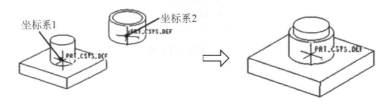

图 5-9 【坐标系】约束操作示意图

(5) 相切

【相切】约束条件是将组件中的曲面与元件中的曲面进行相切装配,如图 5-10 所示。

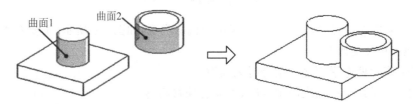

图 5-10 【相切】约束操作示意图

(6) 缺省

【缺省】约束条件是将元件中的默认坐标系与组件中的默认坐标系对齐,如图 5-11 所示。一般此约束条件在导入第一个零件时使用。

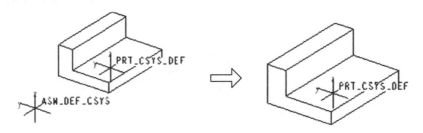

图 5-11 【缺省】约束操作示意图

4. 约束条件的增减

(1) 删除

用户可以选中某个约束条件,再单击右键,弹出快捷菜单,选择【删除】命令,便可以进行删除约束条件的操作,如图 5-12 所示。

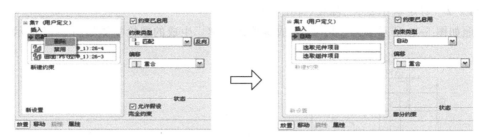

图 5-12 【删除】约束操作示意图

(2) 增加

用户只要选择【放置】面板上的【新建约束】选项,然后在选择绘图工作区上的约束几何即可,如图 5-13 所示。

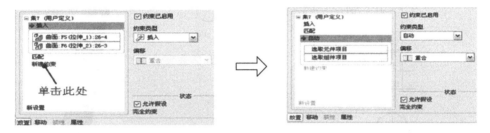

图 5-13 【增加约束】操作示意图

任务实施

下面以图 5-1 所示铰链的设计为例,具体阐述 Pro/E 装配设计的一般操作过程。以组为单位,完成铰链装配设计。首先设计零件,然后进行组装、改变颜色并进行装配体分解。

1. 零件设计模块

STEP 1 创建零件 1——螺母(nut.prt)

按照如图 5-14 所示零件 1 尺寸,完成螺母的创建。生成的螺母实体如图 5-15 所示。

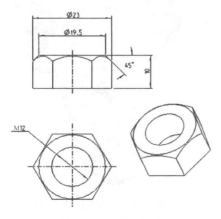

图 5-14 零件 1 尺寸

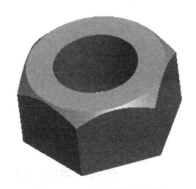

图 5-15 生成的螺母实体

STEP 2 创建零件 2——螺栓(bolt.prt)

按照如图 5-16 所示零件 2 尺寸,完成螺栓的创建。生成的螺栓实体如图 5-17 所示。

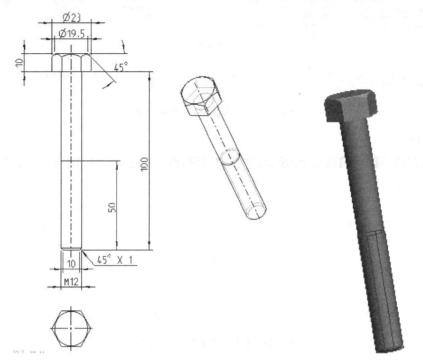

图 5-16　零件 2 尺寸　　　　　图 5-17　生成的螺栓实体

STEP 3 创建零件 3——铰链 1(hing-1.prt)

按照如图 5-18 所示零件 3 尺寸,完成铰链 1 的创建。生成的铰链 1 实体如图 5-19 所示。

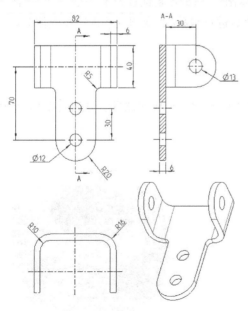 

图 5-18　零件 3 尺寸　　　　　图 5-19　生成的铰链 1 实体

STEP 4 创建零件 4——铰链 2(hing-2.prt)

按照如图 5-20 所示零件 4 尺寸,完成铰链 2 的创建。生成的铰链 2 实体如图 5-21 所示。

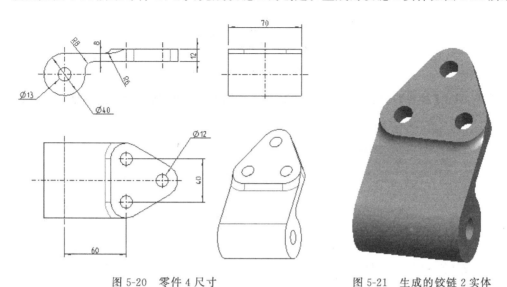

图 5-20　零件 4 尺寸　　　　　　图 5-21　生成的铰链 2 实体

2. 装配设计模块

STEP 5　进入零件装配模块

单击工具栏上的【新建】按钮，弹出【新建】对话框。在【类型】栏中选中【组件】单选按钮,在【子类型】栏,选中【设计】单选按钮,并输入名称 hinge。去除【使用缺省模板】的勾选,完成后,单击【确定】按钮。弹出【新文件选项】对话框,选择一个标准模板 mmns_asm_design。完成后,再单击【确定】按钮,进入零件装配环境。

STEP 6　将铰链 1(hing-1.prt)装入到环境中

单击【装配】按钮，使用【缺省】的方式将铰链 1(hing-1.prt),装入到环境中,如图 5-22 所示。

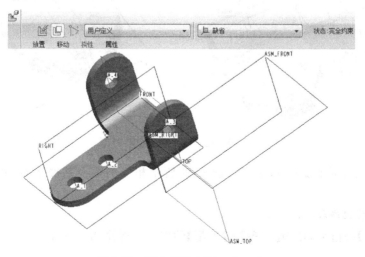

图 5-22　装入铰链 1(hing-1.prt)

STEP 7 装配铰链 2(hing-2.prt)

单击【装配】按钮，使用【销钉】约束集装配铰链 2(hing-2.prt)，如图 5-23 所示。

图 5-23 选择【销钉】约束集

首先，单击【放置】选项，弹出【轴对齐】选项，选择如图 5-24 所示相应的两轴。

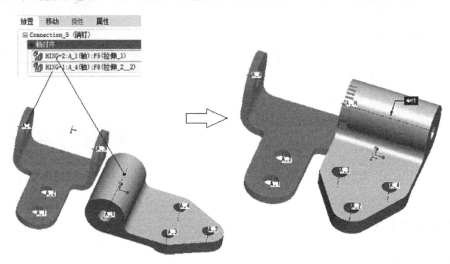

图 5-24 【轴对齐】选项

然后，单击【平移】选项，选择如图 5-25 所示相应的两个基准平面。

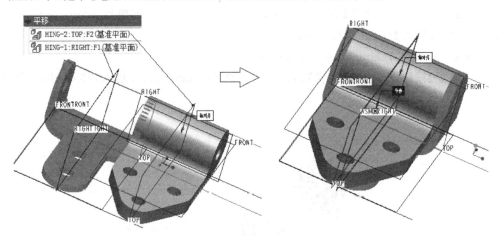

图 5-25 【平移】选项

最后，单击【旋转轴】选项，选择如图 5-26 所示相应的两个基准平面，并设置当前位置为 180°。

STEP 8 装配螺栓(bolt.prt)

单击【装配】按钮，使用【对齐】和【匹配】约束装配螺栓(bolt.prt)。

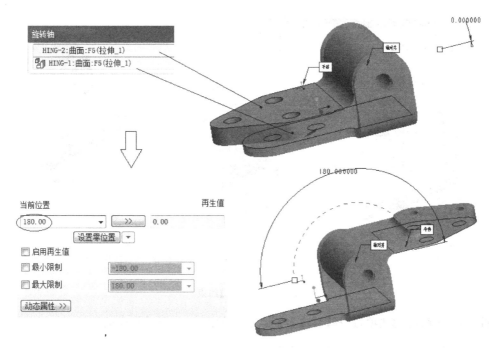

图 5-26 【旋转轴】选项

首先,单击【放置】选项,再选择【对齐】约束,选择如图 5-27 所示相应的两轴。

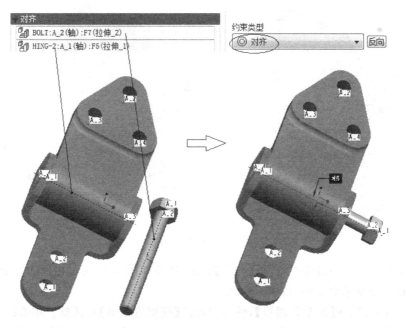

图 5-27 【对齐】约束

然后,单击【新建约束】选项,选择【匹配】约束,选择如图 5-28 所示相应的两个平面。

STEP 9 装配螺母(nut.prt)

单击【装配】按钮,使用【对齐】和【匹配】约束装配螺母(nut.prt)。

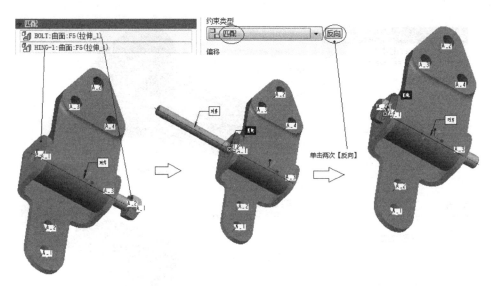

图 5-28 【匹配】约束

首先,单击【放置】选项,选择【对齐】约束,选择如图 5-29 所示相应的两轴。

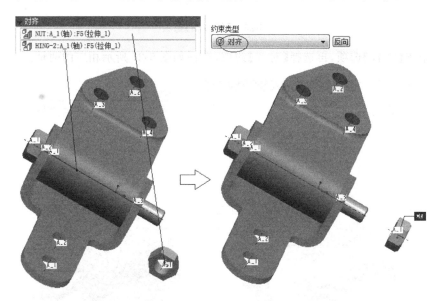

图 5-29 【对齐】约束

然后,单击【新建约束】选项,选择【匹配】约束,选择如图 5-30 所示相应的两个平面。

STEP 10 分解装配零件,绘制分解线

选择菜单【视图】→【视图管理器】,使用弹出的【视图管理器】对话框。单击【分解】选项,然后单击【编辑位置】按钮,弹出【分解视图】面板。单击【平移】选项,依次编辑四个零件的位置,最后单击【创建分解线】按钮,绘制分解线。具体操作过程如图 5-31 所示。

STEP 11 保存文件

完成以上所有操作后,单击【保存】按钮进行文件的保存。选择菜单【视图】→【分解】→【取消分解视图】,可进行分解视图和装配整体图之间的切换,如图 5-32 所示。

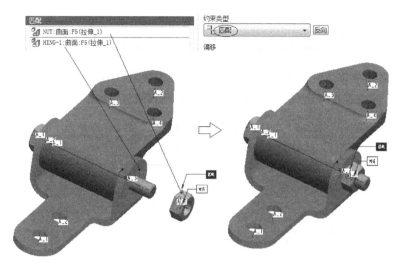

图 5-30 【匹配】约束

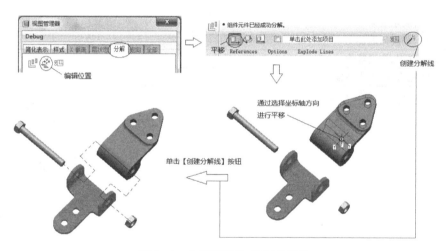

图 5-31 分解装配体,绘制分解线

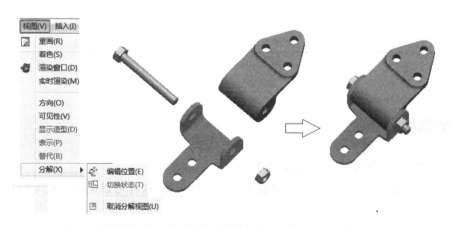

图 5-32 分解视图和装配整体图之间的切换

任务展示与评价

课堂上以组为单位进行展示,并选一名代表进行讲解,说明设计的流程。根据操作对评价表(见表5-1)中的内容进行自我评价、同学互评和老师评价。

表 5-1　项目 5　装配设计　任务 3　综合评价表

班级_____　小组名称_____　姓名_____　学号_____

序号	评价内容	自我评价		
		很好	较好	尚需努力
1	准确、快速地运用装配约束			
2	能够添加销钉约束集、分解装配零件、绘制分解线等装配设计			
3	在规定时间内完成零件造型和装配(建议时间为 40min)			
4	汇报、展示成果			
5	分析、解决问题能力			
6	团队意识、沟通能力			
7	判断能力、语言表达能力			
8	工作态度(行为规范、纪律表现)			
小组评价意见		综合等级		
		组长签名确认		
教师评价意见		综合等级		
		教师签名确认		

日期:_____年_____月_____日

归纳梳理

- 导入第一个零件时,需采用【缺省】约束。
- 在装配设计时,用户也应养成设置工作目录的习惯,这样可以确保装配零件的完整性,减小出错的概率。
- 在装配时,如出现组件与元件尺寸相差甚远时,最大的可能就是在做零件时选错模板,所以做零件时一定要细心,一律选择公制模板。

巩固练习

完成如图 5-33 所示的零件设计,并进行装配,具体每个零件图的尺寸如图 5-34 所示。

难度系数★

图 5-33 装配练习 1

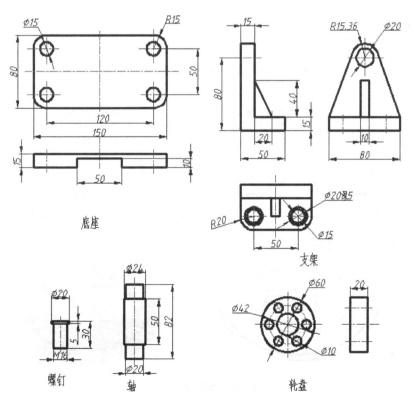

图 5-34 装配练习 2

任务 2　加湿器的设计

任务目标

1. 能力目标

- 能够读懂零件图、装配图。
- 能够顺利完成各零件图的绘制。
- 能够熟练装使用配约束条件。

2. 职业素养

- 培养严谨认真的工作作风。
- 培养语言表达能力。
- 培养团队合作精神。
- 培养分析问题和解决问题的能力。

任务内容

先进行如图 5-35 所示的加湿器的设计流程讲解，完成加湿器的装配设计。

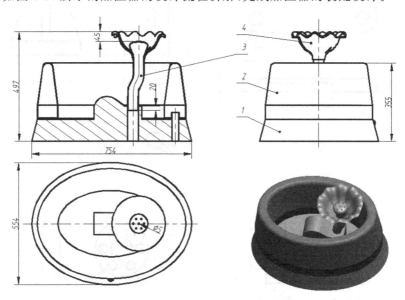

图 5-35　加湿器的设计

任务分析

本任务包含零件设计和装配设计两部分内容,其中零件设计主要有拉伸、旋转、抽壳、扫描、可变剖面扫描等;装配设计主要使用约束条件完成装配,并成功分解装配零件。

任务实施

下面以图 5-35 所示加湿器的设计为例,具体阐述 Pro/E 装配设计的一般操作过程。

1. 零件设计模块

(1) 创建加湿器底座(见图 5-36)

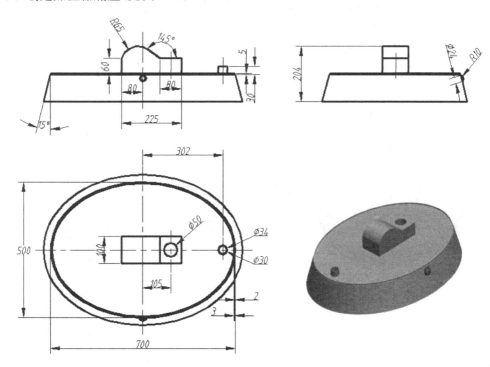

图 5-36 加湿器底座的尺寸图

STEP 1 新建文件(1.prt)

单击工具栏上的【新建】按钮,在弹出的【新建】对话框中,选择【零件】类型,在【名称】栏输入新建文件名【1】,去除【使用缺省模板】勾选,单击【确定】按钮。在打开的【新文件选项】对话框中,选择公制模板 mmns_part_solid,单击【确定】按钮,进入零件设计模块环境。

STEP 2 创建拉伸特征

创建如图 5-37 所示拉伸特征。

STEP 3 创建拔模特征

创建如图 5-38 所示拔模特征。

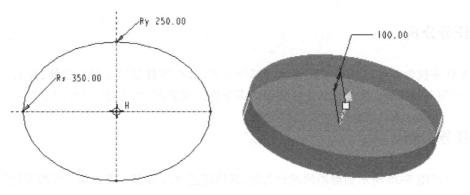

图 5-37 拉伸特征示意图

STEP 4 创建扫描特征

单击【插入】→【扫描】→【伸出项】命令，在弹出的【扫描轨迹】菜单中，单击【选取轨迹】选项。按下 Ctrl 键，选取椭圆的两条边线，如图 5-39 所示。单击【完成】→【接受】→【正向】，进入草绘环境，如图 5-40 所示。绘制如图 5-41 所示截面，完成后单击【确定】，生成如图 5-42 所示的扫描实体。

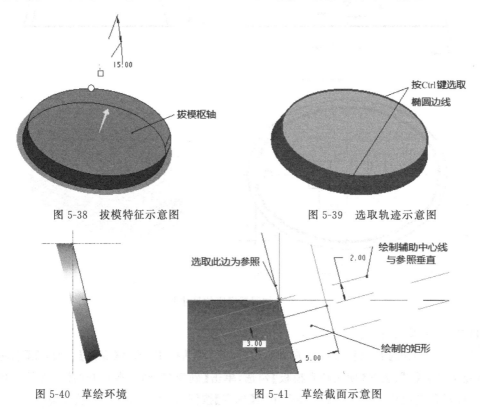

图 5-38 拔模特征示意图　　　　　图 5-39 选取轨迹示意图

图 5-40 草绘环境　　　　　图 5-41 草绘截面示意图

STEP 5 创建进水孔

创建拉伸实体特征，草绘示意图如图 5-43 所示，拉伸高度为 30。创建拉伸特征，选择去除材料，开设进水孔，截面如图 5-44 所示。生成的图形如图 5-45 所示。

图 5-42　生成的扫描实体

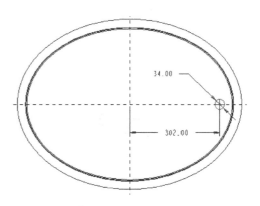

图 5-43　草绘截面示意图

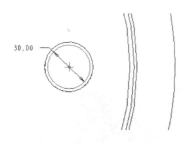

图 5-44　进水孔截面示意图

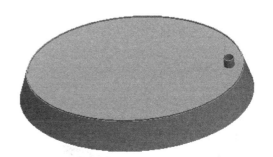

图 5-45　生成的进水孔

STEP 6　创建吹风机构外罩

创建拉伸实体特征,草绘示意图如图 5-46 所示,双向拉伸,深度为 100。生成的图形如图 5-47 所示。

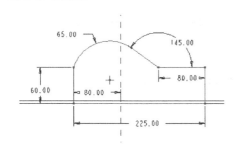

图 5-46　草绘示意图

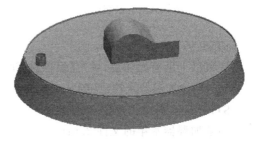

图 5-47　生成的吹风机构外罩

STEP 7　创建出风口

创建拉伸特征,选择去除材料,开设出风口,截面如图 5-48 所示。生成的图形如图 5-49 所示。

STEP 8　创建开关按钮

创建旋转特征,绘制如图 5-50 所示的中心线和截面图形。再创建倒圆角特征,生成的开关按钮如图 5-51 所示。

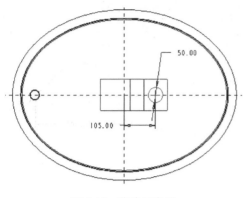
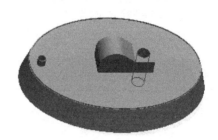

图 5-48 草绘示意图　　　　　　图 5-49 生成的出风口

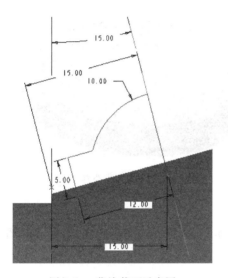
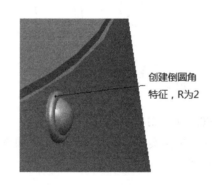

图 5-50 草绘截面示意图　　　　图 5-51 生成的开关按钮

STEP 9 保存

完成以上所有操作后,单击【保存】按钮 , 进行文件(1.prt)的保存。

(2) 创建加湿器水箱(见图 5-52)

STEP 10 新建文件(2.prt)

新建加湿器水箱的文件 2.prt。

STEP 11 草绘扫描曲线

草绘椭圆,尺寸如图 5-53 所示。

STEP 12 建立扫描特征

单击【插入】→【扫描】→【薄板伸出项】,选取轨迹曲线,绘制如图 5-54 所示的扫描截面。薄板厚度为 2。生成的扫描特征如图 5-55 所示。

STEP 13 建立注水孔

新建【拉伸】特征,创建注水孔,尺寸位置如图 5-56 所示。

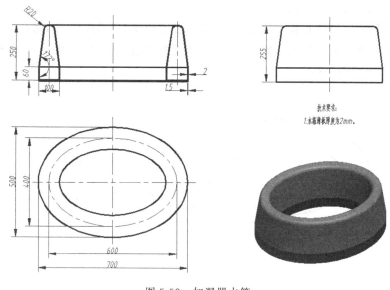

图 5-52 加湿器水箱

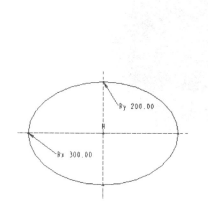

图 5-53 草绘扫描曲线

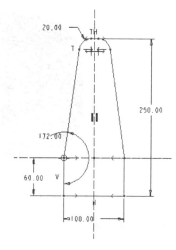

图 5-54 扫描截面示意图

图 5-55 生成的扫描特征

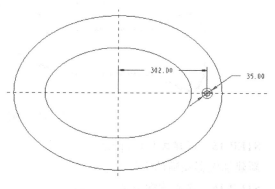

图 5-56 拉伸截面示意图

STEP 14 建立水箱定位边

新建【拉伸】特征,创建水箱定位边。使用【通过边创建图元】按钮 ▢ ,选择大椭圆边线,再使用【通过偏移一条边来创建图元】按钮 ▢ ,选择大椭圆边线,向内偏移 1.5,如图 5-57 所示。拉伸深度为 5。生成的水箱定位边如图 5-58 所示。

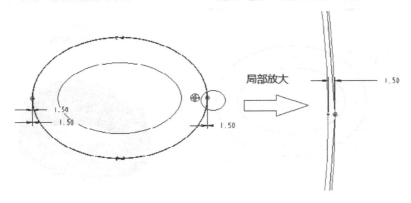

图 5-57　拉伸截面示意图

图 5-58　生成的水箱定位边

(3) 创建加湿器喷嘴(见图 5-59)。

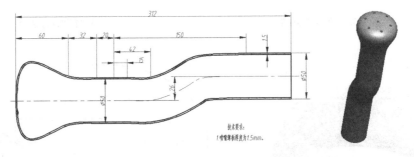

图 5-59　加湿器喷嘴

STEP 15　新建文件(3.prt)

新建加湿器喷嘴的文件 3.prt。

STEP 16　建立喷嘴头部

新建【旋转】特征,创建喷嘴头部,截面尺寸如图 5-60 所示。生成的喷嘴头部如图 5-61

所示。

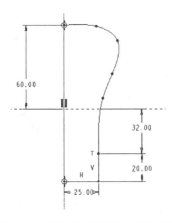

图 5-60 喷嘴头部截面尺寸示意图

图 5-61 生成的喷嘴头部

STEP 17 喷嘴头部抽壳

喷嘴头部需要抽壳，厚度为 1.5。抽壳后的喷嘴头部如图 5-62 所示。

图 5-62 抽壳后的喷嘴头部

STEP 18 建立喷嘴身体

通过【扫描】创建喷嘴身体。首先绘制如图 5-63 所示的扫描轨迹。

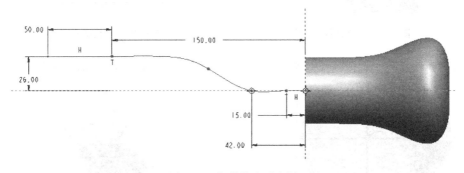

图 5-63 扫描轨迹示意图

单击【插入】→【扫描】→【薄板伸出项】，选取轨迹曲线，如图 5-64 所示。绘制如图 5-65 所示扫描截面。薄板厚度为 1.5。生成的扫描特征如图 5-66 所示。

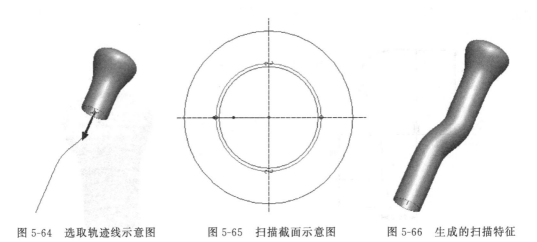

图 5-64　选取轨迹线示意图　　　图 5-65　扫描截面示意图　　　图 5-66　生成的扫描特征

> **注意**：选取扫描轨迹时，起始点选取应准确。

STEP 19　建立出水孔

创建基准面 DTM1，与 TOP 基准面相距 70，如图 5-67 所示。在 DTM1 基准面上草绘一个圆，尺寸如图 5-68 所示。单击【拉伸】特征，创建出水孔，尺寸位置如图 5-69 所示。使用【阵列】→【填充】方式，选择之前的草绘圆，设置距离参数 25，生成的出水孔如图 5-70 所示。

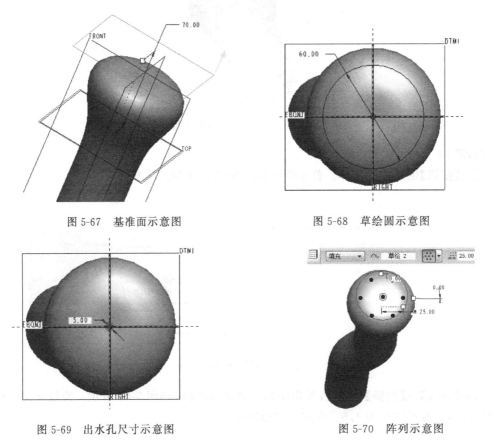

图 5-67　基准面示意图　　　　　　　图 5-68　草绘圆示意图

图 5-69　出水孔尺寸示意图　　　　　图 5-70　阵列示意图

(4) 创建加湿器喷气嘴罩(见图 5-71)。

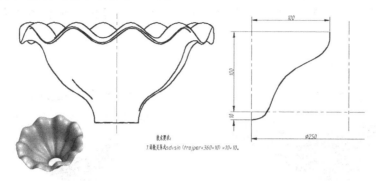

图 5-71 加湿器喷气嘴罩

STEP 20 新建文件(4.prt)

新建加湿器喷气嘴罩的文件 4.prt。

STEP 21 绘制原始轨迹线

草绘原始轨迹线,尺寸如图 5-72 所示。

STEP 22 建立可变剖面扫描特征

单击【插入】→【可变剖面扫描】,选取之前的草绘圆,单击【草绘扫描剖面】按钮 ![icon],绘制曲线,尺寸如图 5-73 所示。

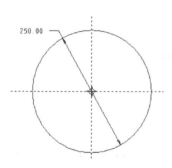

图 5-72 草绘轨迹线示意图

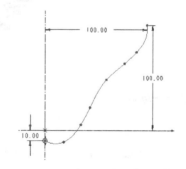

图 5-73 可变剖面扫描截面示意图

再单击【工具】→【关系】,输入关系式:sd3＝sin(trajpar * 360 * 10) * 10＋10,如图 5-74 所示。完成后,单击【确定】按钮。生成的可变剖面扫描特征如图 5-75 所示。

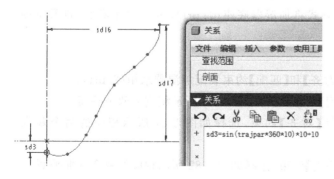

图 5-74 设置关系式示意图

图 5-75 生成的可变剖面扫描特征

STEP 23 加厚,倒圆角

单击【编辑】→【加厚】,厚度为 2,如图 5-76 所示。单击【倒圆角】,半径为 1,如图 5-77 所示。

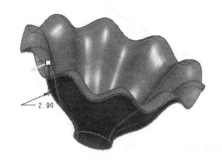
图 5-76 加厚示意图

图 5-77 倒圆角示意图

生成的加湿器喷气嘴罩如图 5-78 所示。

图 5-78 生成的加湿器喷气嘴罩

2. 装配设计模块

STEP 24 进入零件装配模块

单击工具栏上的【新建】按钮 ,弹出【新建】对话框。在【类型】栏中选中【组件】单选按钮,在【子类型】栏,选中【设计】单选按钮,并输入名称 jiashiqi。去除【使用缺省模板】的勾选,完成后,单击【确定】按钮。弹出【新文件选项】对话框,选择一个标准模板 mmns_asm_design。完成后,再单击【确定】按钮,进入零件装配环境。

STEP 25 将加湿器底座(1.prt)装入到环境中

单击【装配】按钮 ,使用【缺省】的方式将加湿器底座(1.prt),装入到环境中,如图 5-79 所示。

STEP 26 装配加湿器水箱(2.prt)

单击【装配】按钮 ,使用【匹配】、【对齐】和【匹配】约束装配加湿器水箱(2.prt)。

首先,单击【放置】选项,再选择【匹配】约束,选择如图 5-80 所示相应的两个平面。

然后,单击【新建约束】选项,再选择【对齐】约束,选择如图 5-81 所示相应的两个基准平面。

最后,单击【新建约束】选项,选择【匹配】约束,选择如图 5-82 所示相应的两个基准平面。

装配加湿器水箱(2.prt)完成后的图形,如图 5-83 所示。

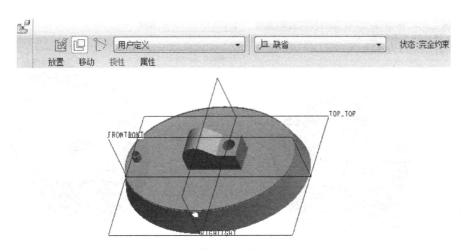

图 5-79 装入加湿器底座(1.prt)

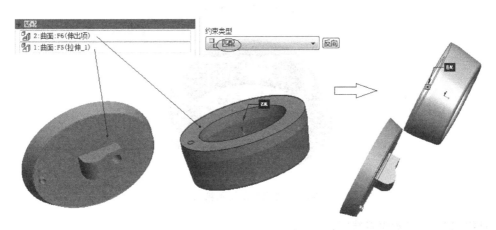

图 5-80 【匹配】约束

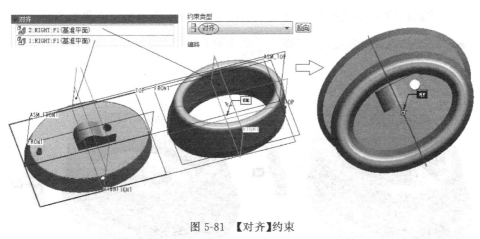

图 5-81 【对齐】约束

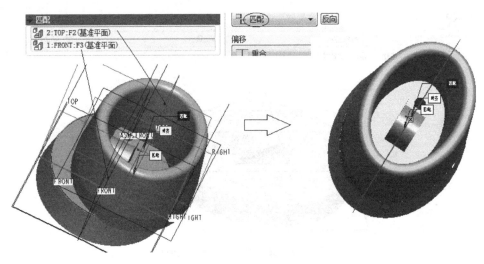

图 5-82 【匹配】约束

图 5-83 装配加湿器水箱(2.prt)

STEP 27 装配加湿器喷嘴(3.prt)

单击【装配】按钮,使用【匹配】和【插入】约束装配加湿器喷嘴(3.prt)。

首先,单击【放置】选项,选择【匹配】约束,选择如图 5-84 所示相应的两个平面。

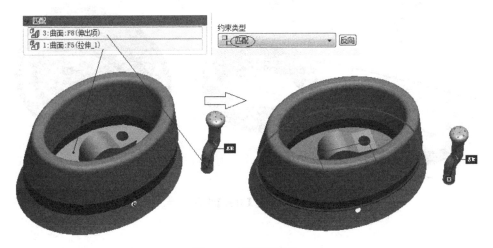

图 5-84 【匹配】约束

然后,单击【新建约束】选项,选择【插入】约束,选择如图 5-85 所示相应的两个曲面。

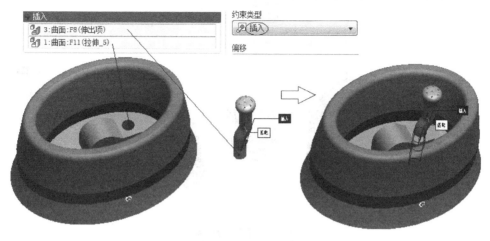

图 5-85　【插入】约束

装配加湿器喷嘴(3.prt)完成后的图形,如图 5-86 所示。

图 5-86　装配加湿器喷嘴(3.prt)

STEP 28　装配加湿器喷气嘴罩(4.prt)

单击【装配】按钮,使用【匹配】和【对齐】约束装配加湿器喷气嘴罩(4.prt)。

首先,单击【放置】选项,选择【匹配】约束,选择如图 5-87 所示相应的两个平面。

然后,单击【新建约束】选项,选择【对齐】约束,选择如图 5-88 所示相应的两个轴线。

> 提示:在装配加湿器喷气嘴罩时,由于花形没有轴线,不方便装配。因此可在加湿器喷气嘴罩零件上添加基准轴线,然后装配。

装配加湿器喷气嘴罩(4.prt)完成后的图形,如图 5-89 所示。

STEP 29　分解装配零件

选择菜单【视图】→【视图管理器】,弹出【视图管理器】对话框。单击【分解】选项,然后单击【编辑位置】按钮,弹出【分解视图】面板。通过【平移】选项,依次编辑四个零件的位置,完成后如图 5-90 所示。

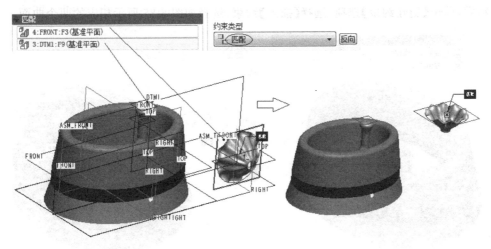

图 5-87 【匹配】约束

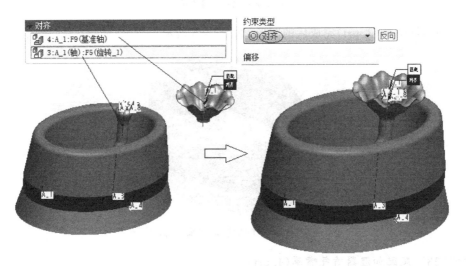

图 5-88 【对齐】约束

图 5-89 装配加湿器喷气嘴罩(4.prt)

项目 5 装配设计

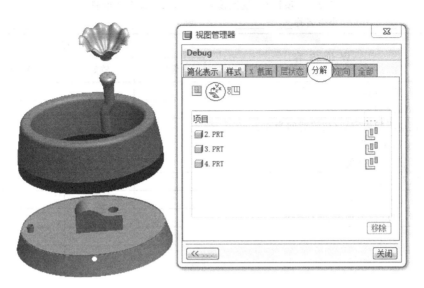

图 5-90 分解装配体

STEP 30 保存文件

完成以上所有操作后,单击【保存】按钮 📄 进行文件的保存。选择菜单【视图】→【分解】→【取消分解视图】,可进行分解视图和装配整体图之间的切换,如图 5-91 所示。

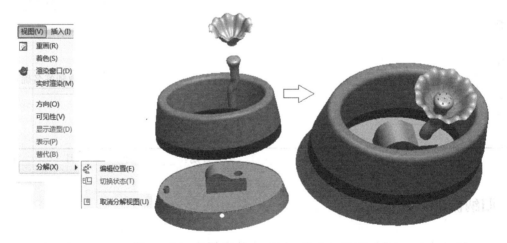

图 5-91 分解视图和装配整体图之间的切换

任务展示与评价

任务完成后以组为单位进行展示,并选一名代表进行讲解,说明设计的流程。根据操作对评价表(见表 5-2)中的内容自我评价、同学互评和老师评价。

表 5-2　项目 5　装配设计　任务 2　综合评价表

班级_____　　小组名称_____　　姓名_____　　学号_____

序号	评价内容	自我评价		
		很好	较好	尚需努力
1	准确、快速地运用装配约束			
2	正确选择约束要素			
3	在规定时间内完成(建议时间为 60min)			
4	汇报、展示成果			
5	分析、解决问题能力			
6	团队意识、沟通能力			
7	判断能力、语言表达能力			
8	工作态度(行为规范、纪律表现)			
小组评价意见		综合等级		
		组长签名确认		
教师评价意见		综合等级		
		教师签名确认		

日期：_____年_____月_____日

归纳梳理

- 零件设计时，注意局部细节造型；同时应从方便装配考虑，选择合理的基准面。
- 在装配时，发现某零件细节有问题，可先装配，然后修改该零件并保存，组件上的相应部分会随之更改过来。
- 在装配加湿器喷气嘴罩时，由于花形没有轴线，不方便装配。可在加湿器喷气嘴罩零件上添加基准轴线，然后装配。

巩固练习

完成如图 5-92 所示的零件设计，并进行装配。　　　　　　　　　　　　　　难度系数★★

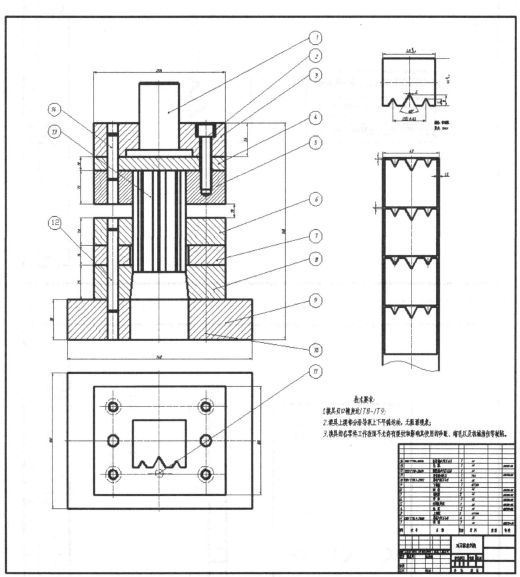

(a) 对刀样板模装配图

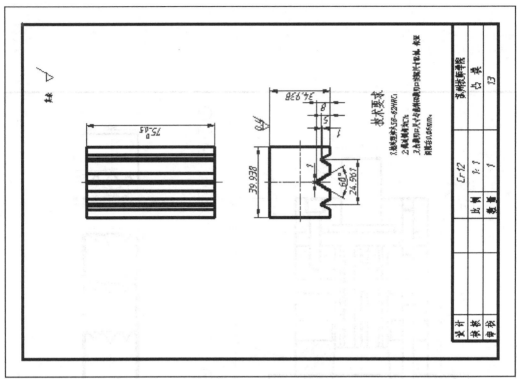

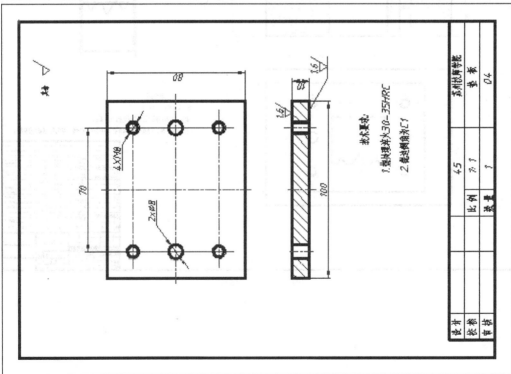

(b) 对刀样板模零件图1

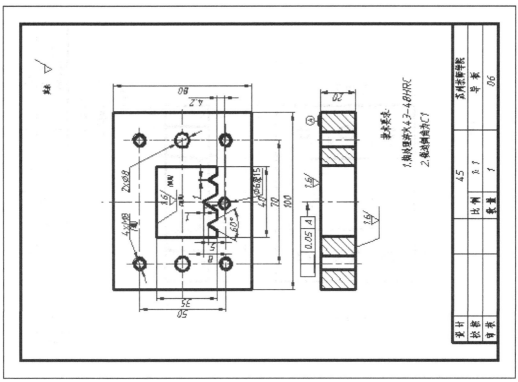

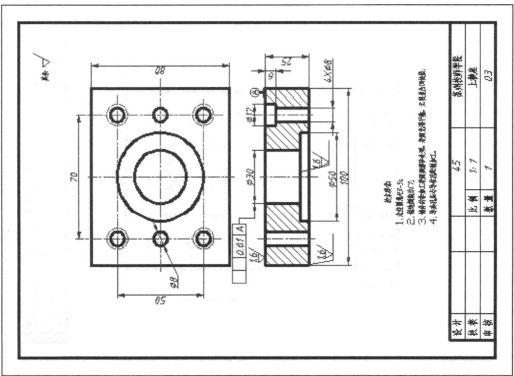

(c) 对刀样板模零件图2

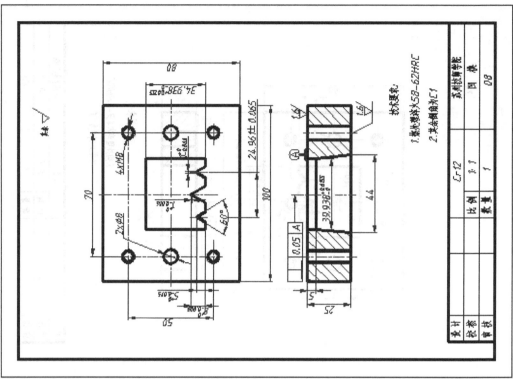

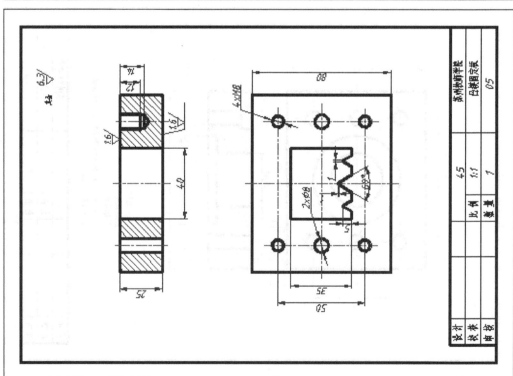

(d) 对刀样模零件图3

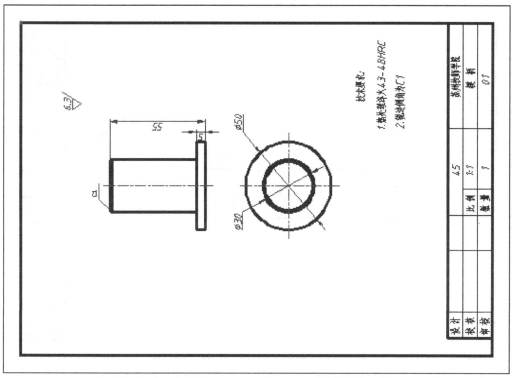

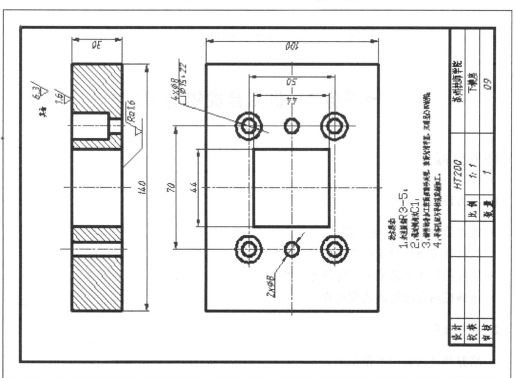

(e) 对刀样板零件图4

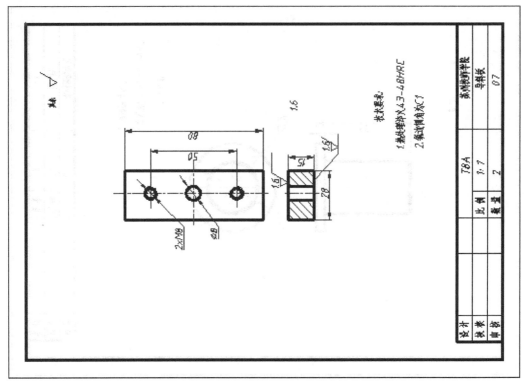

(f) 对刀样板模零件图5

图 5-92　对刀样板模装配图和各零件图

任务 3　机用台虎钳的装配

任务目标

1. 能力目标

- 能够读懂零件图、装配图。
- 能够熟练使用装配约束条件。
- 能够运用各类造型工具完成零件的造型。
- 能够机用台虎钳的装配过程。

2. 职业素养

- 培养严谨认真的工作作风。
- 培养语言表达能力。
- 培养团队合作精神。
- 培养分析问题和解决问题的能力。

任务内容

根据图 5-93 所示中零件图的尺寸，画出所有台虎钳零件图造型，将机用台虎钳所有零件按照装配关系完成如图 5-94 所示的形式。

任务分析

为了完成机用台虎钳的装配，首先将所有零件完成造型，还要知道机用台虎钳的装配关系。图 5-93(a)所示为机用台虎钳的装配图。按此装配图得知装配顺序：件 1→件 9→件 11→件 8→件 5→件 6→件 7→件 4→件 3→件 2→件 10→件 10→件 2→件 10→件 10。

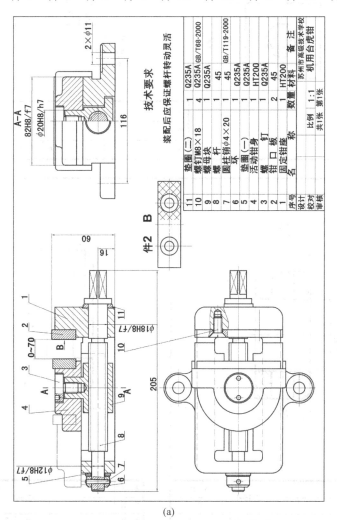

(a)

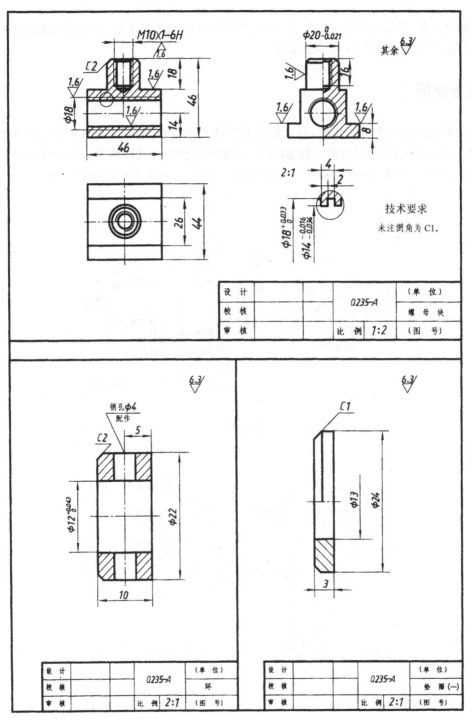

(b)

项目 5 装配设计

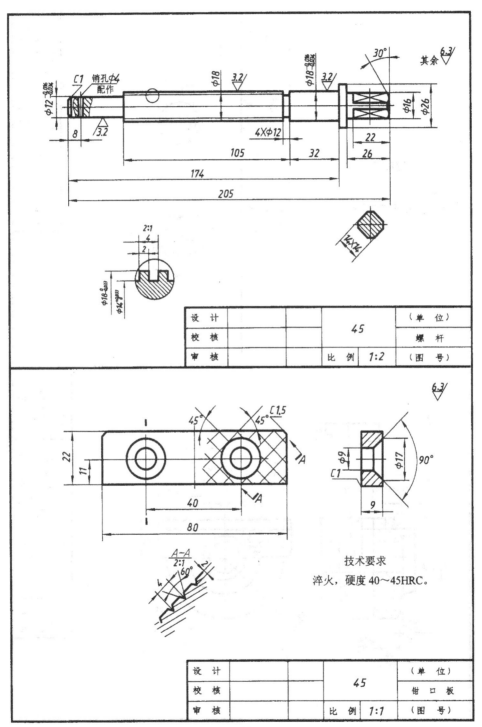

(c)

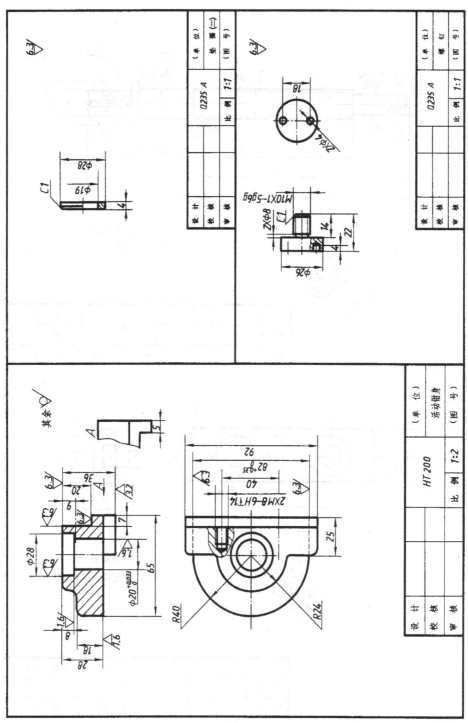

(d)

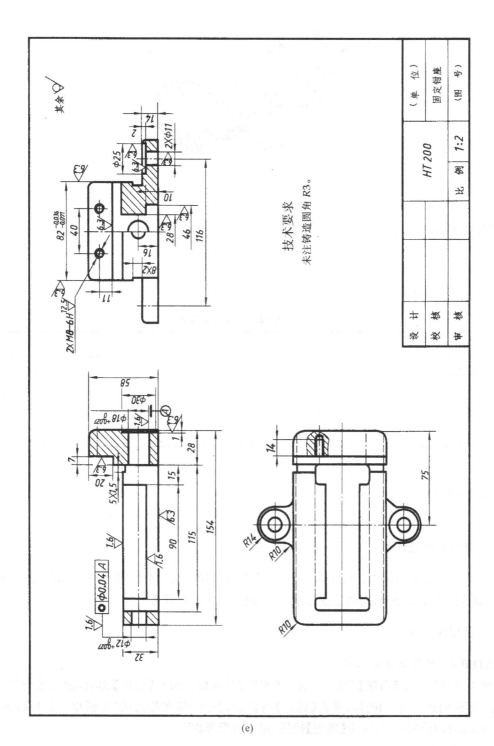

图 5-93 机用台虎钳装配图及零件图

图 5-94　底座模具三维图

制订机用台虎钳的设计计划

以 3~4 人为一组,以组为单位,每个成员分工合作完成机用台虎钳的设计工作。表 5-3 为组成员及分工情况表。

表 5-3　组成员及分工情况表

组名：		
工作内容	姓名	
组长		
组员		
组员		
组员		

任务实施

1. 零件图的设计

按照图 5-93 所示的零件尺寸将件 1 到件 13 的零件设计完成,其中件 7 和件 10 为标准件,根据装配图中的型号,查表完成标准件 7 和件 10 的设计任务。

2. 装配图的设计

STEP 1　选择新建装配图

单击工具栏上的【新建】按钮,弹出【新建】对话框。选择【组件】选项,输入装配图的名称,去掉【使用缺省模板】的勾,单击【确定】按钮后,打开"新文件选项"对话框。选择【mmns_asm_design】即公制单位,单击【确定】按钮,进入装配界面。

STEP 2　件 1 的导入

单击【插入】→【元件】→【装配】命令或单击工具栏上的 按钮,出现【打开】对话框。从附盘文件夹 MK5\机用台虎钳\目录中,或从自己设计的文件夹中,选取件 1,单击【打开】,导入装配图中。

弹出【装配】模板,在【装配类型】栏中选择【缺省】,单击鼠标中键,完成件1的装配。

STEP 3 件9的装配

用 **STEP 2** 的同样方法选取件9。

弹出【装配】面板,单击【放置】,选择【匹配】约束类型【偏移】为【重合】,如图5-95所示S1和S2平面,选择如图5-96所示平面,单击【新建约束】再一次选择【匹配】约束并且选取【偏距】,选择如图5-97所示S1和S2平面,修改【偏距】为35后回车,再次单击【新建约束】,选择【对齐】约束,单击如图5-98所示的L1和L2轴线,完成后,单击中键,完成件9的装配,装配结果如图5-99所示。

图 5-95 放置面板示意图

图 5-96 件9匹配约束示意图

图 5-97 件9匹配约束意图

图 5-98 件9对齐约束示意图

图 5-99 件9装配图结果

STEP 4 件11的装配

用 **STEP 2** 的方法导入件11。

弹出【装配】面板,单击【放置】,选择【匹配】约束类型,【偏移】为【重合】,选择如图5-100所示S1和S2平面。单击【新建约束】,选择【对齐】约束,再单击如图5-101所示的L1和L2轴线,完成后,单击鼠标中键,完成件11的装配,装配结果如图5-102所示。

图 5-100 件11匹配约束示意图

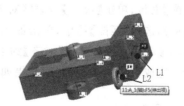
图 5-101 件11对齐约束示意图

STEP 5 件8的装配

用 **STEP 2** 的方法导入件8。

弹出【装配】面板,单击【放置】,选择【匹配】约束类型,【偏移】为【重合】,选择如图5-103所示 S1 和 S2 平面。单击【新建约束】，选择【对齐】约束，再单击如图 5-104 所示的 L1 和 L2 轴线，完成后，单击鼠标中键，完成件 8 的装配，装配结果如图 5-105 所示。

图 5-102 件 11 装配结果

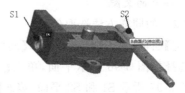

图 5-103 件 8 匹配约束示意图

图 5-104 件 8 对齐约束示意图

图 5-105 件 8 装配结果

STEP 6 件 5 的装配

用 **STEP 2** 的方法导入件 5。

弹出【装配】面板，单击【放置】，选择【匹配】约束类型，【偏移】为【重合】，选择如图 5-106 所示 S1 和 S2 平面。单击【新建约束】，选择【对齐】约束，单击如图 5-107 所示的 L1 和 L2 轴线，完成后，单击鼠标中键，完成件 8 的装配，装配结果如图 5-108 所示。

图 5-106 件 5 匹配约束示意图

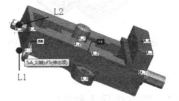

图 5-107 件 5 对齐约束示意图

STEP 7 件 6 的装配

用 **STEP 2** 的方法导入件 6。

弹出【装配】面板，单击【放置】，选择【对齐】约束类型，选择如图 5-109 所示 L1 和 L2 轴线。单击【新建约束】，选择【匹配】约束，单击如图 5-110 所示的 S1 和 S2 平面，修改角度偏移值为 360°。再次单击【新建约束】，选择【对齐】约束，单击如图 5-111 所示的 L1 和 L2 轴线，完成后，单击鼠标中键，完成件 6 的装配，装配结果如图 5-112 所示。

图 5-108 件 5 装配结果

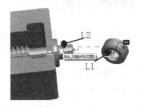

图 5-109 件 6 对齐约束示意图

项目 5 装配设计

 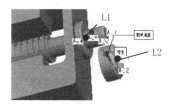

图 5-110 件 6 匹配合束示意图　　图 5-111 件 6 对齐约束示意图

STEP 8 件 7 的装配

用 **STEP 2** 的方法导入件 7。

弹出【装配】面板，单击【放置】，选择【匹配】约束类型，【偏移】为【对齐】，选择如图 5-113 所示 L1 和 L2 轴线。单击【新建约束】，选择【匹配】约束并选取【偏距】，单击如图 5-114 所示的 S1 和 S2 平面，设置偏距为 5，完成后，单击鼠标中键，完成件 7 的装配。装配结果如图 5-115 所示。

图 5-112 件 6 的装配结果　　图 5-113 件 7 对齐约束示意图

图 5-114 件 7 匹配约束示意图　　图 5-115 件 7 的装配结果

STEP 9 件 4 的装配

用 **STEP 2** 的方法导入件 4。

弹出【装配】面板，单击【放置】，选择【匹配】约束类型，选择如图 5-116 所示 S1 和 S2 平面。单击【新建约束】，选择【插入】约束，单击如图 5-117 所示的 S1 和 S2 圆柱面。再次单击【新建约束】，选择【匹配】约束，单击如图 5-118 所示的 S1 和 S2 平面，修改角度偏移值为 360°，完成后，单击鼠标中键，完成件 4 的装配结果如图 5-119 所示。

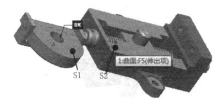 

图 5-116 件 4 匹配约束示意图　　图 5-117 件 4 插入约束示意图

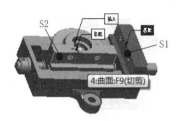 

图 5-118　件 4 匹配约束示意图 2　　　图 5-119　件 4 装配结果

STEP 10　件 3 的装配

用 **STEP 2** 的方法导入件 3。

弹出【装配】面板,单击【放置】,选择【匹配】约束类型,【偏移】为【重合】,选择如图 5-120 所示平面。单击【新建约束】,选择【对齐】约束,单击如图 5-121 所示的轴线。完成后,单击鼠标中键,完成件 3 的装配。装配结果如图 5-122 所示。

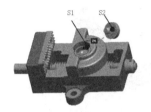 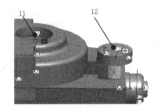 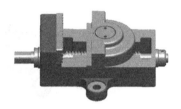

图 5-120　件 3 匹配约束示意图　　图 5-121　件 3 对齐约束示意图　　图 5-122　件 3 的装配结果

STEP 11　件 2 的装配

用 **STEP 2** 的方法导入件 2。

弹出【装配】面板,单击【放置】,选择【匹配】约束类型,【偏移】为【重合】,选择如图 5-123 所示 S1 和 S2 平面。单击【新建约束】,选择【匹配】约束,单击如图 5-124 所示的 S1 和 S2 平面。单击【新建约束】,选择【配合】约束,再次单击如图 5-125 所示的 L1 和 L2 轴线。完成后,单击鼠标中键,完成件 2 的装配。装配结果如图 5-126 所示。同理用刚才的方法将件 2 装配到件 3 上,完成件 2 的装配。

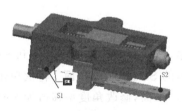 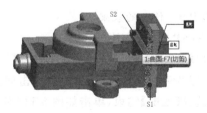

图 5-123　件 2 匹配约束示意图　　　图 5-124　件 2 匹配约束示意图

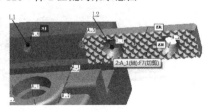 

图 5-125　件 2 对齐约束示意图　　　图 5-126　件 2 的装配结果

注意：件 2 的倒角应放置在上方。

STEP 12 件 10 的装配（螺钉）

用 **STEP 2** 的方法导入件 10。

弹出【装配】面板，单击【放置】，选择【匹配】约束类型，【偏移】为【重合】，选择如图 5-127 所示 S1 和 S2 曲面。单击鼠标中键，完成件 10 的装配，装配结果如图 5-128 所示。

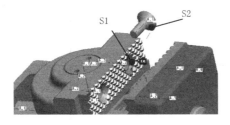
图 5-127 件 10 对齐约束示意图

图 5-128 件 10 的装配结果

STEP 13 装配另外三个螺钉

方法同 STEP12 一样，装配另外三个螺钉。

STEP 14 保存文件

完成以上所有操作后，单击【保存】按钮进行文件的保存。

任务评价

完成图 5-81 所示机用台虎钳的装配，以组为单位进行展示，并选一名代表进行讲解，说明设计的流程。根据操作对评价表（见表 5-4）中的内容进行自我评价、同学互评和老师评价。

表 5-4 项目 5 装配设计 任务 3 计的综合评价表

班级_____ 小组名称_____ 姓名_____ 学号_____

序号	评价内容	自我评价		
		很好	较好	尚需努力
1	准确、快速地运用装配约束			
2	正确选择约束要素			
3	在规定时间内完成（建议时间为 60min）			
4	汇报、展示成果			
5	分析、解决问题能力			
6	团队意识、沟通能力			
7	判断能力、语言表达能力			
8	工作态度（行为规范、纪律表现）			

续表

小组评价意见		综合等级
		组长签名确认
教师评价意见		综合等级
		教师签名确认

日期：_____年_____月_____日

归纳梳理

◆ 在装配操作过程中，要注意约束的顺序，既要便于操作，又要使约束成立。
◆ 一般情况下，最经常使用的约束有三种，它们是配合、插入、对齐。

巩固练习

按照图 5-129 所示的齿轮泵零件图，完成零件造型，再将齿轮泵零件装配如图 5-130 所示的图形。

难度系数 ★★

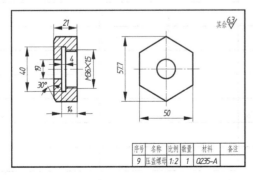

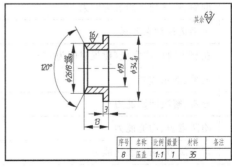

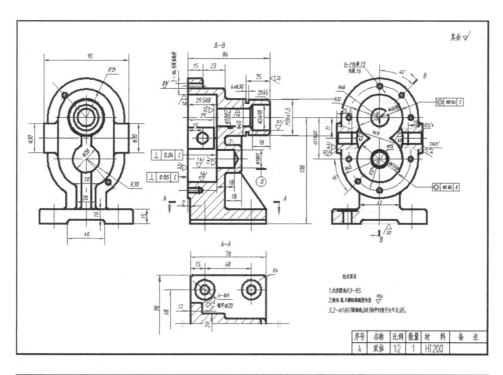
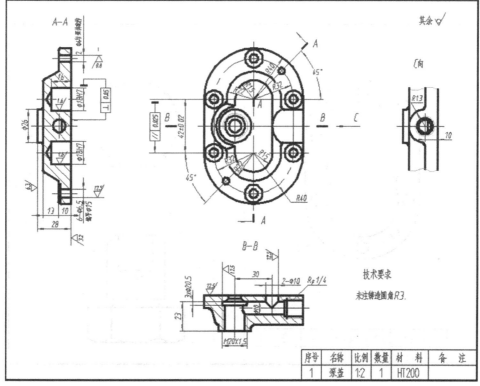

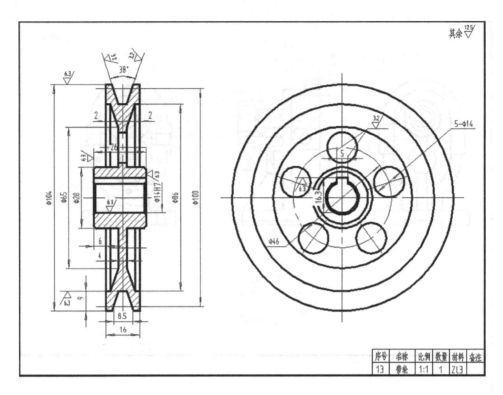
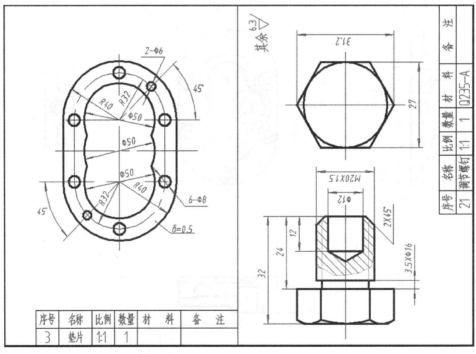

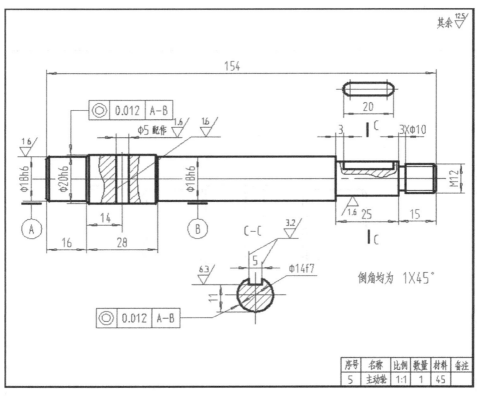

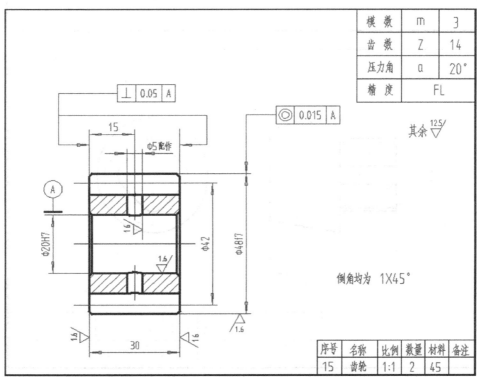

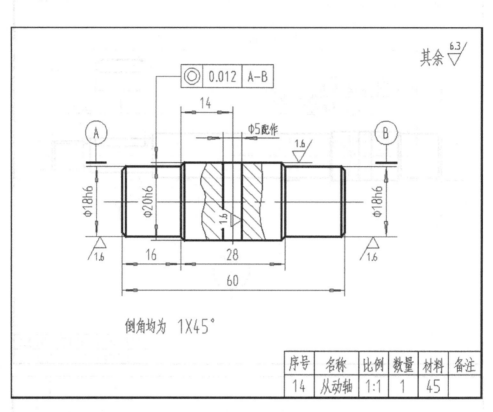

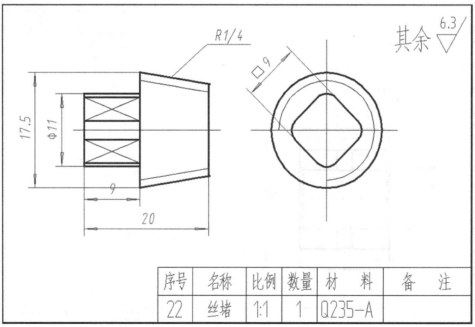

项目 5 装配设计

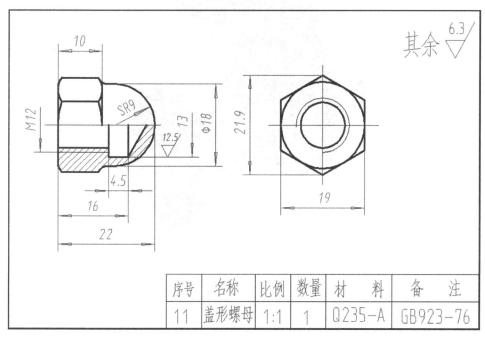

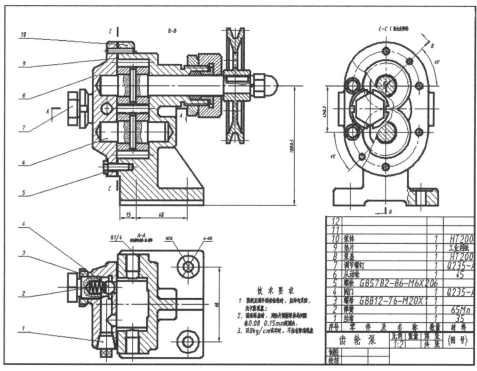

图 5-129 齿轮泵零件和装配工程图

图 5-130　齿轮泵三维装配图

模块 6　工程图的设计

工程图作为工程的语言，是表达设计者的意图和思想，也是工程师、制造人员沟通的桥梁。Pro/E5.0 拥有强大的工程图生成功能，使用 Pro/E5.0 的工程图模块，可以在完成三维零件或组件的设计建模后，工程图的大部分工作可以由三维模型自动生成二维工程图。工程图模式具有双向关联性，当在一个视图里改变一个尺寸值时，其他视图也会相应全部更新。同样当改变模型尺寸或结构时，工程图的尺寸和结构也会发生相应的改变。本项目通过 3 个任务，10 个巩固与练习，学习工程图绘制的方法和技巧。

任务 1　绘制阀体的工程图

任务目标

1. 能力目标

- 能够读懂零件图。
- 能够进行图框、标题栏的绘制和文字的输入。
- 能够进行工程图的设置及创建。
- 能够进行尺寸和尺寸公差标注和修改。
- 能够进行表面粗糙度的标注与编辑。
- 能够进行形位公差的标注与修改，技术要求的输入。

2. 职业素养

- 培养严谨、认真的工作态度。
- 培养学习能力。
- 培养分析问题和解决问题的能力。

任务内容

用 Pro/E5.0 软件把随书附带光盘中 fati.stp 文件阀体的造型转化为工程图，如图 6-1 所示。

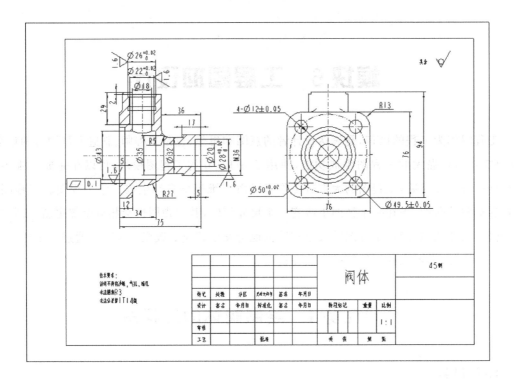

图 6-1 阀体的工程图

任务分析

工程图应把零件结构形状、尺寸大小和技术要求的图样表达出来,同时也是生产和检验零件的依据。零件毛坯制造、机械加工工艺路线的制定,工序图的绘制以及加工检验和技术革新等,都要根据工程图来进行完成。因此在绘制工程图时要按照国家制图标准确保正确、完整、清晰易懂。下面学习如何把阀体的三维图转化为阀体的工程图操作过程。

知识储备

1. 绘图设置

工程图是标准化的图样,国家对工程图的图样规格、视图表达以及标注样式等都有严格的规格。Pro/E5.0 的绘图配置文件中的默认选项是采用欧美等国家的标准规定,并不完全符号我国标准要求,因此在绘制工程图时需要对绘制选项进行设置。选择主菜单中的【工具】→【选项】命令,设置 drawing_setup_file,为 Pro/E 安装目录\text\iso.dtl,而 iso.dtl 文件可以根据我们需要进行修改,修改内容如表 6-1 所示。

表 6-1 绘制工程图需要修改的选项

配置选项名	意 义	默 认 值	修 改 值
drawing_units	设置所有绘图参照的单位	inch	mm
axis_line_offset	设置轴线延伸超出相关特征的距离	0.1	3
circle_axis_offset	设置圆十字叉线超出圆轮廓的距离	0.1	3
cross_arrow_length	设置横截面剖切箭头的长度	0.187 5	3
cross_arrow_width	设置横截面剖切箭头的宽度	0.062 5	1
dim_leader_length	当箭头在尺寸界线外侧的尺寸线长度	0.5	10
draw_arrow_length	设置导引箭头的长度	0.187 5	3
draw_arrow_style	控制所有箭头的样式		Closed(封闭)
draw_arrow_width	设置导引箭头的宽度	0.062 5	1
drawing_text_height	文本的高度	0.156 25	3
text_orientiation	控制尺寸文本方向	horizontal	parallel_diam_horiz
Witness_line_delta	尺寸界线在尺寸导引箭头上的延伸量	0.125	3
tol_display	控制公差显示	no	yes
projection_type	控制视图投影视角	third_angle	fist_angle
Deciamal_marker	小数点字符	Comma(逗点)	Period(句点)

2. 绘制工程图界面

如图 6-2 所示为工程图的工作界面,由 6 个部分组成,分别是布局、表、注释、草绘、审阅、发布。
- 布局:主要功能是将三维图转化为主视图、俯视图等能表达图形结构的各种图。
- 表:主要用来制作标题栏和明细栏等。
- 注释:主要用来标注尺寸、形位公差、表面粗糙度、技术要求等。
- 草绘:设置、草绘、编辑等功能。
- 审阅:检查、更新、比较、查询、模型信息、测量等功能。
- 发布:打印、出图。

图 6-2 工程图工作界面

3. 剖视图的创建

在三维图中剖面图的创建包括全剖视图、半剖视图和局部剖视的创建,创建过程如图 6-3 至图 6-5 所示。

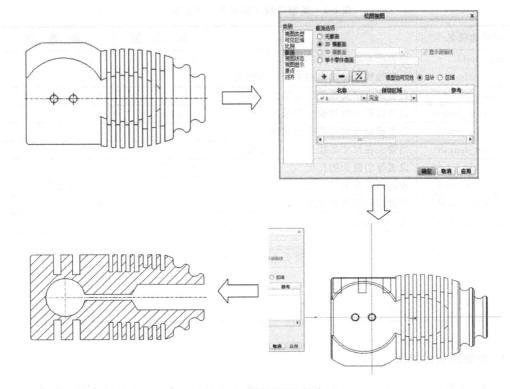

图 6-3　全剖视图的创建

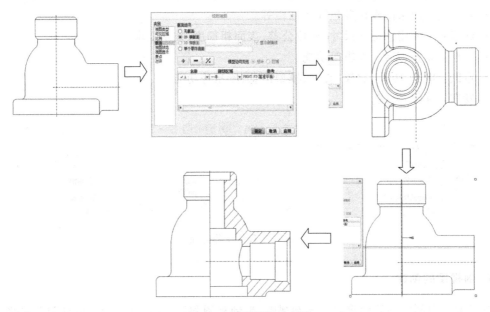

图 6-4　半剖视图的创建

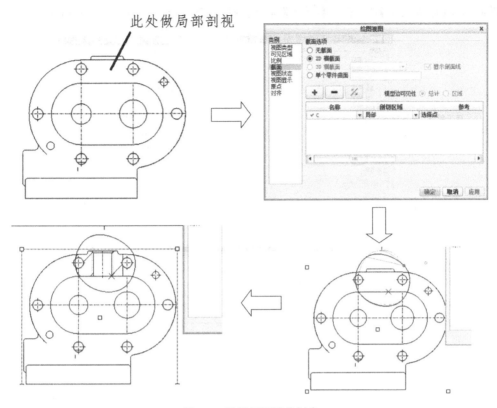

图 6-5 局部剖视图的创建

4．尺寸标注与修改（在【注释】中进行）

（1）轴线的绘制。
（2）尺寸标注。
（3）尺寸修改。

5．表面粗糙度和形位公差的标注与修改

（1）粗糙度的几种形式。
（2）粗糙度标注的几种方法。
（3）粗糙度大小和数字值的修改。

任务实施

1．标准图框的创建

STEP 1 新建格式

单击【常用】工具栏上的【新建】按钮 ，弹出【新建】对话框。再选中【格式】类型，输入格式名称 a4，单击【确定】按钮，出现【新格式】对话框，在【指定模板】中选择【空】，在【方向】中选择【横向】,在【标准大小】选择【A4】,单击【确定】按钮。整个操作过程如图 6-6 所示。

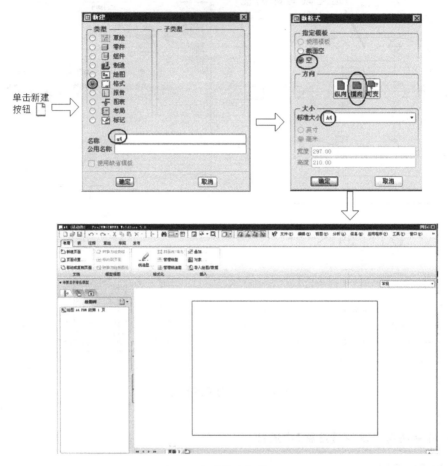

图 6-6 新建格式操作过程

STEP 2 设置线型属性

单击【布局】,再单击【线造型】按钮 ,弹出菜单管理器。按住 Ctrl 键,选取外框四条边线,单击【选取】栏中的【确定】按钮并单击菜单管理器中的【完成】选项,系统自动打开【修改线造型】对话框。在【属性】中的宽度输入 0.3,单击【应用】→【关闭】按钮,完成整个过程。操作过程如图 6-7 所示。

STEP 3 绘制图框

单击【草绘】,进入草绘选项。单击【草绘首选项】,弹出对话框,设置相关优先选项后,单击【关闭】按钮。单击【边偏移】按钮 ,对直线进行偏移操作,并利用【修剪】工具修剪多余的线段,完成图框绘制,整个过程如图 6-8 所示。

STEP 4 创建标题栏

选择【表格】选项,单击【表格】按钮 ,弹出菜单管理器。选择升降、右对齐、按长度、绝对坐标,输入坐标(287,10),弹出对话框,输入从右数第一列的数字 12 后,回车,继续输入 12 回车、16 回车、12 回车、12 回车、16 回车、6.5 回车、6.5 回车、6.5 回车、6.5 回车、12 回车、12 回车、50 回车,如果没有要输入的数字时,再一次回车,进入第一行的数字输入,此时是从下向上

模块 6 工程图的设计

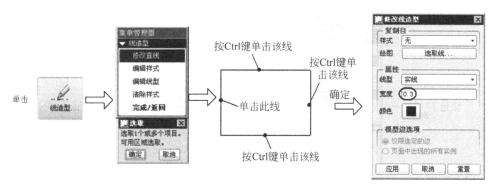

图 6-7 线型及大小的选定操作过程

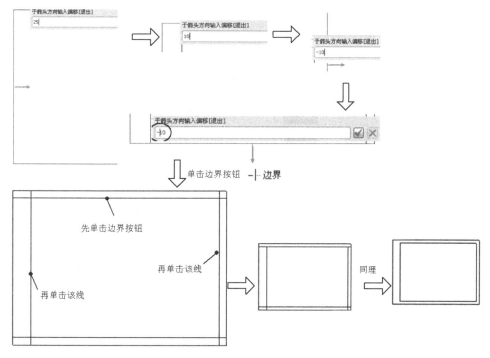

图 6-8 S2 基准平面的操作过程

输入,输入 7 后回车、再输入 7 后回车,共输入 8 个 7 后,两次回车,结束表格的初步制作。整个过程如图 6-9 所示。

STEP 5 标题栏的修改和文本的输入

单击【合并单元按钮】 ,选中两个需要合并的表格,根据标题栏的形式进行修改,再根据要求输入标题栏内文字;完成所有操作后,单击【保存】按钮 进行文件的保存。整个过程如图 6-10 所示。

2. 添加视图

STEP 6 进入绘图环境

单击【新建】按钮 ,弹出【新建】对话框。选择【绘图】类型后,去掉【使用缺省模板】前面

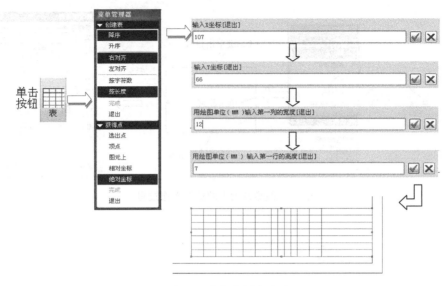

图 6-9　表格的创建过程

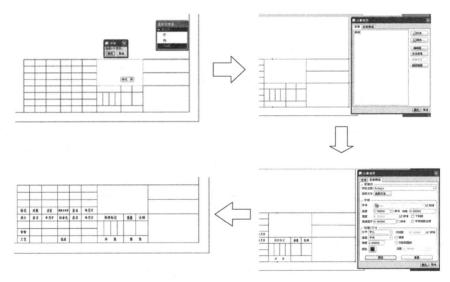

图 6-10　标题栏修改和文本输入的操作过程

的勾,单击【确定】按钮。弹出【新建绘图】对话框,在【缺省模型】中选择需要画工程图的三维图,【指定模板】中选择【格式为空】,单击【格式】选项中的【浏览】按钮,选择刚才制定好的图框a4,然后单击【确定】按钮,进入绘图环境,如图 6-11 所示。

STEP 7　主视图的创建

单击【布局】选项中的【一般】按钮,在绘图工作区的适当位置单击,此时系统弹出【绘图视图】对话框。在【模型视图名】栏中双击 FRONT,在打开的【视图显示】对话框中单击【显示样式】→【消隐】,完成后,单击【确定】按钮,主视图创建完毕。整个过程如图 6-12 所示。

STEP 8　投影视图的创建

选中主视图,单击【布局】选项中的【投影】按钮,此时将视图拖放到一个合理的位置,然后

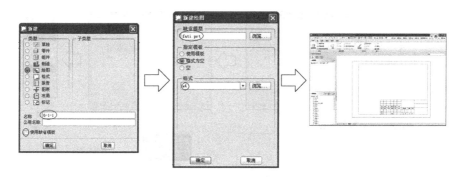

图 6-11　进入工程制图环境

图 6-12　主视图的创建

单击,便会创建所需要的投影视图,如图 6-13 所示。

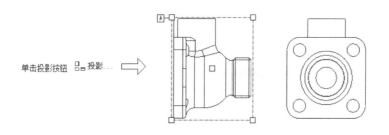

图 6-13　投影视图的创建

STEP 9　工程图中剖视图的创建

选中主视图,单击鼠标右键,弹出快捷菜单,选择【属性】命令,或双击主视图,弹出【绘图视图】对话框。在【类别】栏里,选择【剖面】→【2D 截面】按钮,单击 + 按钮,选择【创建新剖截面】,并在【剖切区域】下拉列表框中选择【完全】选项,在【菜单管理器】选择【平面】、【单一】,输入横截面名"A",回车,单击【平面】,然后到左视图选取 RIGHT 平面,完成后,单击【确定】按钮,完成全剖视图的创建。整个操作过程如图 6-14 所示。

3．标注尺寸

STEP 10　创建轴线

单击【注释】选项,该选项的工具为尺寸标注及编辑,再单击【显示模型注释】按钮 弹出【显示模型注释】对话框。选中轴线标注 选项,此时在绘图工作区选择主视图,【显示模型注

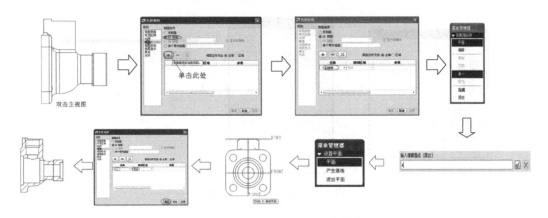

图 6-14　主视图的全剖视图的创建

释】对话框出现四条轴线,一个一个地试试轴线是否需要,这里需全选中,单击【确定】按钮,完成主视图轴线的创建。整个过程如图 6-15 所示。

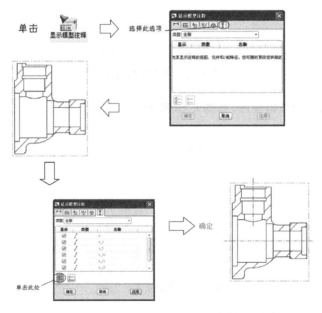

图 6-15　主视图轴线的创建

采用同样的方法,创建左视图的轴线,注意不是所有的轴线都需要,一定要有选择,选择时在绘图工作区会出现相应的轴线。

STEP 11　增添辅助线

选择【草绘】选项,单击【草绘器首选项】按钮 ，弹出【草绘首选项】对话框。选中【链草绘】和【参数化草绘】复选框,然后单击【圆心＋两点弧】按钮 ，弹出【捕捉参照】对话框。单击对话框中的按钮 ，选择圆 L1,再选择圆 L2,单击【选取】菜单中的【确定】按钮,找到圆心,重新画个圆,单击中键,完成圆的绘制,但是线型不对,需要修改线型,选中刚才画的圆,单击右键,弹出快捷菜单,选择【线造型】命令,弹出【修改线造型】对话框。选择【属性】中【线型】的【双点划线】→【应用】→【关闭】,完成辅助线的绘制。整个过程如图 6-16 所示。

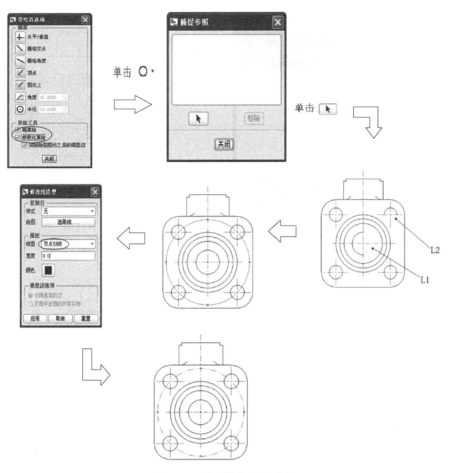

图 6-16 辅助线的绘制过程

> **注意**：在工程图模块里，尺寸标注方法与二维图形尺寸标注相似。

STEP 12 标注尺寸

单击【注释】选项，再单击【尺寸标注】按钮 ，打开菜单管理器。单击 L1，再单击鼠标中键，进行半径标注。双击 L2，再单击鼠标中键，进行直径标注。单击 L3 和 L4，再单击鼠标中键，进行距离尺寸的标注。再使用同样方法，对其他尺寸进行标注。整个过程如图 6-17 所示。

STEP 13 编辑尺寸

在主视图中，标注的直径没有 φ 符号，可以选中该尺寸，然后再单击右键，在弹出的快捷菜单中选择【属性】命令，或双击尺寸，弹出【尺寸属性】对话框。选择【尺寸文本】选项卡，然后单击【文本符号】按钮，在前缀处加入 φ 符号。操作过程如图 6-18 所示。

图中有的尺寸孔的标注的箭头重合，可以单击该尺寸，再单击右键，弹出快捷菜单，选择【反向箭头】命令，选择两次【反向箭头】命令。操作过程如图 6-19 所示。

STEP 14 尺寸数字大小的修改

尺寸数字太大，需要进行编辑，有两种方法：一种是在尺寸属性中进行修改，如图 6-20 所示；另一种是由缩放工具进行修改，单击【缩放】按钮 ，单击需要修改的尺寸，在【选取】菜单中单击【确定】，再在尺寸线上单击左键，弹出【输入比例】对话框。输入所需的比例值，回车

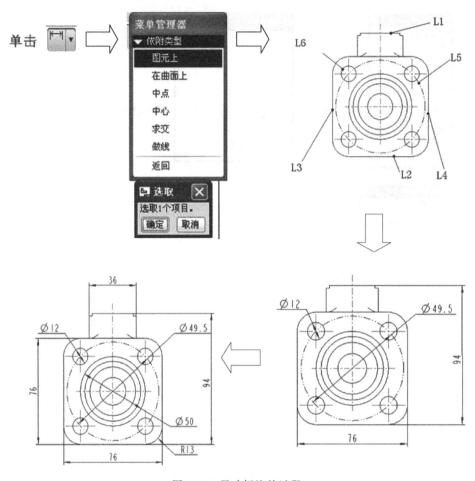

图 6-17 尺寸标注的过程

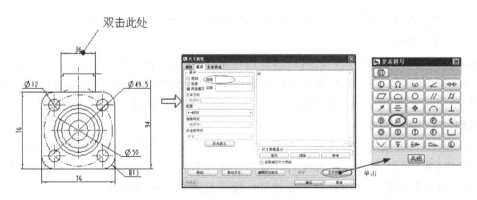

图 6-18 添加尺寸前缀符号的操作

完成尺寸的缩放。操作过程如图 6-21 所示。

 注意：修改尺寸数字大小时，一定要用同一种方法进行修改，以便保持整个工程图尺寸大小一致。

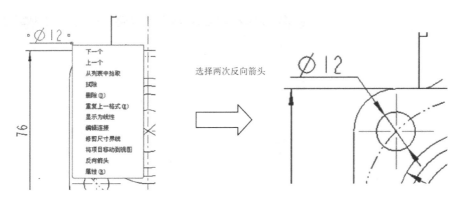

图 6-19 反向箭头操作

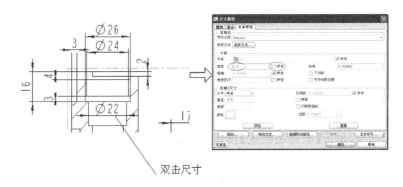

图 6-20 修改尺寸数字大小的操作

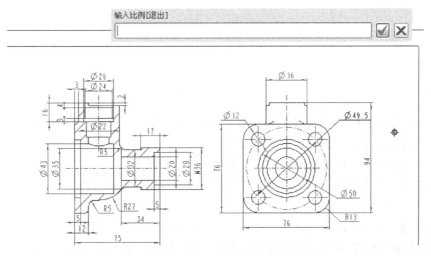

图 6-21 用缩放方法修改尺寸数字大小操作

STEP 15 尺寸公差的标注

双击 φ28 尺寸(或可单击 φ28 的尺寸再单击右键,在快捷菜单中选择【属性】),弹出【尺寸属性】对话框。在【公差】选项中选择【加一减】,并输入上公差和下公差的值,单击【确定】按钮,完成公差的标注。整个过程如图 6-22 所示。

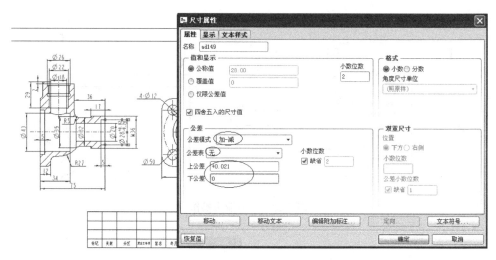

图 6-22　尺寸公差的标注

4. 表面粗糙度的标注

STEP 16　*表面粗糙度的标注*

选择【注释】选项,单击【表面粗糙度】按钮 32/,弹出【得到符号】菜单,选择【检索】选项,弹出【打开】对话框。选择一种粗糙度的符号(各种不同形式的粗糙度符号如图 6-23 所示),弹出【实例依附】菜单,选择【图元】,在绘图工作区单击粗糙度放置的位置的图元,此时弹出输入粗糙度信息栏,输入粗糙度值 6.3,完成后,单击【确定】按钮。整个过程如图 6-24 所示。

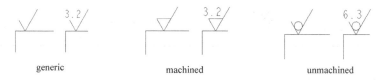

图 6-23　不同形式的粗糙符号

说明:标注时,在【实例依附】菜单中有 5 个选项,如图 6-25 所示,含义如下:
- 【引线】选项主要用于创建带箭头的粗糙度。
- 【图元】选项主要用于创建附着在图素表面上的粗糙度。
- 【法向】选项主要用于创建垂直于图素或者垂直于尺寸的粗糙度。
- 【无引线】选项主要用于创建一个自由摆放位置的粗糙度。
- 【偏移】选项主要用于创建一个相对尺寸或其他符号距离的粗糙度。

其余的表面粗糙度,根据不同的要求分别标注出,最终结果如图 6-26 所示。

注意:在工程图绘制时,鼠标按键的使用有所不同,在绘图工作区滚动中键,可缩放图形;鼠标中键的使用,在绘图工作区,移动鼠标中键,可平移图形。

模块 6　工程图的设计

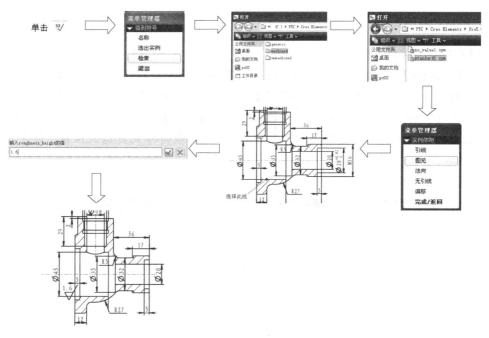

图 6-24　粗糙度标注的操作过程

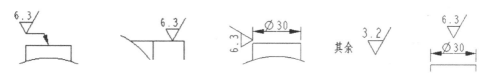

图 6-25　【实例依附】菜单选项示意图

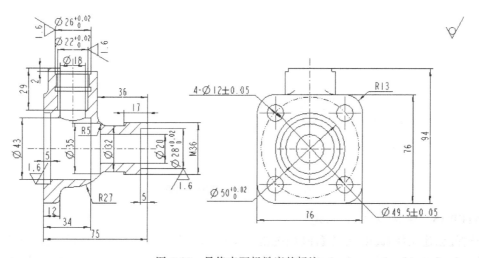

图 6-26　最终表面粗糙度的标注

5. 形位公差的标注

STEP 17 形位公差的标注

选择【注释】选项,单击【几何公差】按钮 ![icon],弹出【几何公差】对话框。选择【公差值】选项,在【总公差】栏中输入 0.1,再选择【模型参照】选项,单击【平面度】图标,再单击【选取图元】,在绘图工作区选中阀体左面的端面,回到对话框,在放置【类型】下拉单中选择【带引线】,单击【放置几何公差】按钮,在主视图中单击做端面,移动形位公差符号到合适的位置。整个过程如图 6-27 所示。

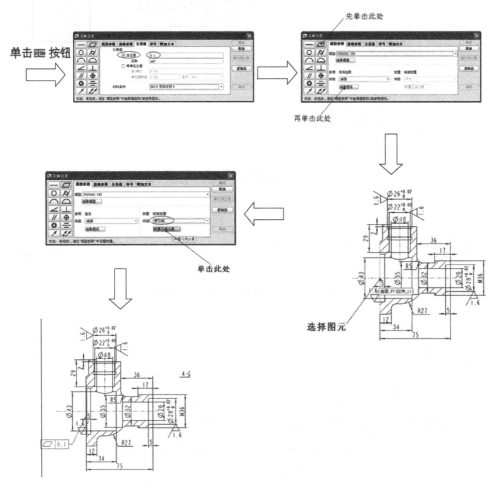

图 6-27 形位公差的标注过程

STEP 18 注解(文本)的创建

选择【创建注释】选项,单击【注解】按钮 ![icon],弹出【注解类型】菜单管理器。选择【无引线】→【输入】→【水平】→【标准】→【缺省】,再单击【进行注解】。在绘图工作区需要写文本内容的空白处单击左键,此时弹出【输入注解】对话框。输入"其余",两次回车后,单击"其余"文本,移动到合适的位置。整个操作过程如图 6-28 所示。

用同样的方法完成"技术要求"这四个字的标注,然后双击"技术要求"文本,弹出【注解属

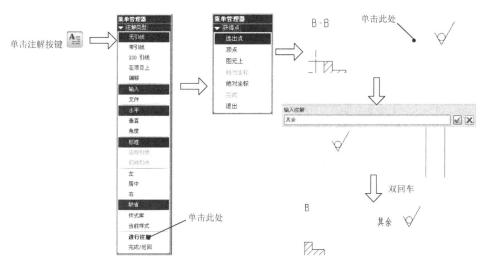

图 6-28 文本输入的操作过程

性】对话框。再把"技术要求"的内容输入,单击【确定】按钮,最终结果如图 6-29 所示。

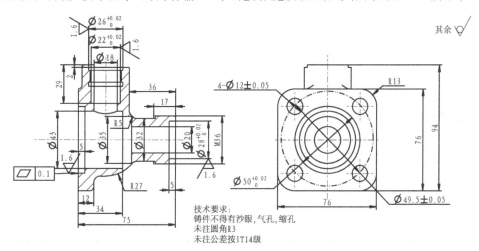

图 6-29 阀体技术要求的创建

STEP 19 整理中心线

选择【注释】选项,选中中心线,然后单击中心线的端点,拉中心线到合适的位置,修改完毕,如图 6-30 所示。

STEP 20 轴测图的创建

为了便于读图,可在工程图纸上创建轴测图,单击【布局】选项中的【一般】按钮,在绘图工作区右下角的适当位置单击左键,此时系统弹出【绘图视图】对话框。在【模型视图名】栏中双击【缺省】,在【视图显示】对话框中单击【显示样式】→【消隐】,完成后,单击【确定】按钮,轴测图创建完毕,然后移动轴测图到合适位置,最终结果如图 6-30 所示。

STEP 21 保存文件

完成以上所有操作后,单击【保存】按钮 进行文件的保存。

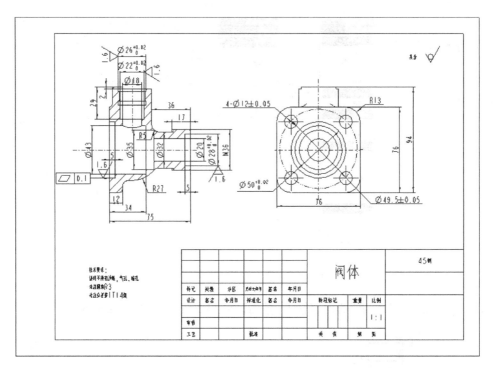

图 6-30 阀体最终的工程图

任务评价

完成图 6-1 所示轴承盖工程图，根据操作对评价表（见表 6-1）中的内容进行自我评价和老师评价。

表 6-1 项目 6 工程图的设计 任务 1 综合评价表

班级_____ 姓名_____ 学号_____

序号	评价内容	自我评价		
		很好	较好	尚需努力
1	解读任务内容			
2	能够正确使用工程图的创建方法			
3	能够正确创建全剖视图和半剖视图及轴线			
4	能够正确使用尺寸和尺寸公差标注与修改			
5	能够正确使用表面粗糙度的标注工具进行标注			
6	能够正确使用形位公差工具进行标注			
7	能够进行文本输入的方法和文本修改			
8	在规定时间内完成（建议时间为 50min）			
9	学习能力，资讯能力			
10	分析、解决问题的能力			

11	学习效率,学习成果质量				
12	创新、拓展能力				
教师评价意见				综合等级	
				教师签名确认	

日期：_____年_____月_____日

归纳梳理

◆ 标注尺寸时如果字体不合适,需要修改,可以在【工具】→【选项】找到 drawing_text_height 给出数值,这个必须在标注尺寸之前完成,也可以标注好尺寸,双击尺寸,在尺寸属性中的字高前去掉默认的勾,输入需要修改字高的数字(如 2.5、4 等)。

◆ 在标注表面粗糙度时,可以根据自己的想法运用几种不同的放置位置的方法进行标注。

◆ 形位公差的标注方法也有几种不同的方法,可以根据情况选用。

巩固练习

1. 绘制一个图框,外框尺寸为 210×297,内框尺寸为 190×277,标题栏如图 6-31 所示。

难度系数★

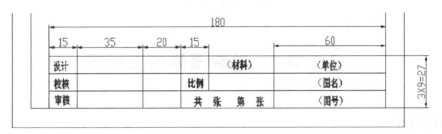

图 6-31 图框和标题栏示意图

2. 将连接板三维图转化成工程图,如图 6-32 所示。 难度系数★★
3. 对螺母进行造型,并将其三维图转化成工程图,如图 6-33 所示。 难度系数★★★

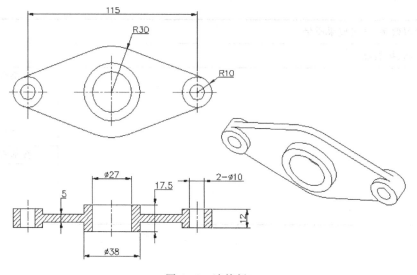

图 6-32 连接板

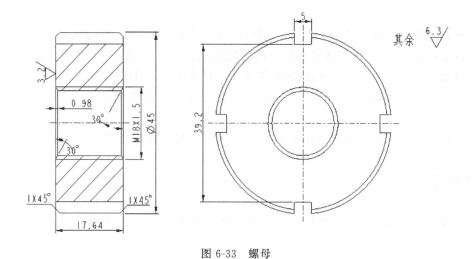

图 6-33 螺母

任务 2　绘制泵体的工程图

任务目标

1. 能力目标

- 能够读懂零件图。
- 能够进行图框的调用及标题栏编辑。
- 能够进行局部剖视和辅助视图的创建。
- 能够进行尺寸和尺寸公差标注和修改。

- 能够进行表面粗糙度的标注与编辑。
- 能够进行形位公差的标注与修改,技术要求的输入。

2. 职业素养

- 培养严谨、认真的工作态度。
- 培养学习能力。
- 培养分析问题和解决问题的能力。

任务内容

用 Pro/E5.0 软件把随书附带光盘中泵体的造型图转化为如图 6-34 所示的工程图。

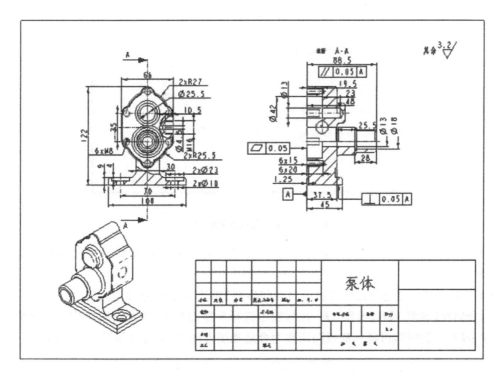

图 6-34 泵体的工程图

任务分析

从泵体的工程图可以知道,我们只要按图上要求把泵体的三维图创建出工程图即可,因此可以看出该泵体工程图有一个主视图、一个左视图和一个轴测视图,其中主视图局部剖,左视图阶梯剖,图中有尺寸公差、形位公差和表面粗糙度。下面学习如何将泵体的三维图转化为工程图。

知识储备

1. 改变视图的方向

添加一般视图后，系统自动打开【绘图视图】对话框，如图 6-35 所示，选取定向方法有两种：查看来自模型的名称、几何参照。

图 6-35 【绘图视图】对话框

（1）查看来自模型的名称，一般有 8 种，如果用户自己重定向视图，来自模型的名称就不止有 8 种。

（2）几何参照。在选取定向方法中，【几何参照】单选按钮最为常用。选中【几何参照】单选按钮，分别在【参照 1】和【参照 2】下拉列表中选择参照面类型，并在绘图工作区中选取参照对象，单击【确定】按钮，可将一般视图调整为合适视图方向，整个过程如图 6-36 所示。

图 6-36 几何参照选项改变视图的方向

2. 绘制局部剖视图

在有的视图中，有一些内部细节需要进行剖切才能表达清楚，但不需要对视图进行全部剖切,只需要局部内部形状剖切即可,这种剖切方法叫局部剖视图。

单击【布局】选项,在绘图工作区中双击视图,弹出【绘图视图】对话框。选择【剖面选项】为【2D 截面】,并单击【添加】按钮,在定义完成剖面名称和剖切位置后,选择【剖切区域】下拉菜单中的【局部】选项,然后在图形中指定剖切位置的参照点,并绘制出定义剖切区域范围的封闭线框,单击【确定】按钮,创建完成局部剖切视图,如图 6-37 所示。

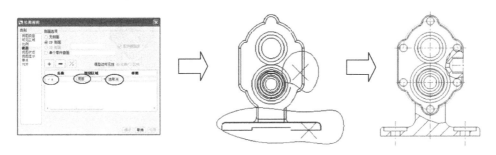

图 6-37　局部剖视图的创建

3. 详细视图的创建

在上一个任务中已经讲过一般视图的放置和投影视图的插入,在这里介绍详细视图的创建。详细视图是指在另一个视图中放大,一个视图中需要详细表述的细节都分。

单击【详细】按钮 ,此时在需要放大显示处单击左键,视图中会出现一个"×",然后在"×"周围移动并单击鼠标左键来绘制样条曲线,必须封闭,单击鼠标中键完成草绘,接着在绘图工作区的合适位置单击左键确定详细视图放置的位置,此时即显示在详细视图内显示父视图样条曲线内的区域并显示视图名称和缩放比例。可以通过右键快捷菜单中【属性】命令打开【绘图视图】对话框,并在父项视图上的边界类型中可选择草绘的形状:圆、椭圆、水平/垂直椭圆、样条以及 ASME94 圆等。整个过程如图 6-38 所示。

4. 视图的选取

当视图已经放置完毕,这时可以根据情况,使用【绘图视图】对话框对视图方向、比例、剖切等具体的属性进行设置。在【布局】选项中,可双击视图或选中视图,然后单击右键在弹出的快捷菜单中选择【属性】命令,弹出【绘图视图】对话框。下面介绍可见区域的区分。

视图可以定义以下几种可见区域:全剖图、半剖图、局部视图、破断视图。全剖视图比较简单,这里没有例出,图 6-39、图 6-40、图 6-41 所示分别为半剖视图、局部视图、破断视图的创建。

5. 位置公差的标注

在本项目任务 1 中已经学过形位公差中的形状公差,这里再介绍位置公差的创建。位置公差与形状公差的不同之处是位置公差有基准,在标注位置公差时需要先确定公差的基准。

双击 φ20 尺寸的轴线,弹出【轴】对话框,给出名称 B,单击【类型】中右侧的按钮,在【放置】选项中选中【在尺寸】,在绘图工作区单击 φ20 的尺寸,完成基准的标注。整个过程如图 6-42 所示。

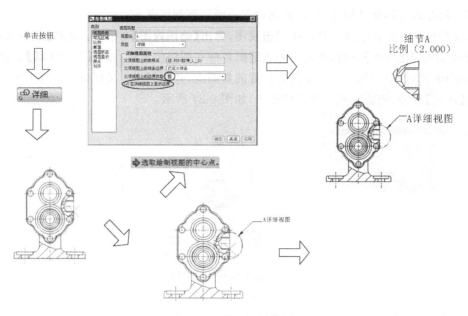

图 6-38 详细视图的创建

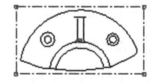

图 6-39 半剖视图的创建

图 6-40 局部视图的创建

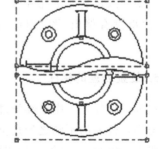

图 6-41 破断视图的创建

基准完成后,可以标注公差,单击【几何公差】按钮,弹出【几何公差】对话框。先选择【基准参照】选项,【基本】框中选 B,其次选择【公差值】选项,输入【总公差】数值为 0.05,最后选择【模型参照】选项,选择【垂直度】的符号,再选择【参照】→【类型】→【曲面】→选取如图 6-43 所示的曲面,【放置】→【类型】→【带引线】→选取刚才选取的曲面,单击【确定】按钮,完成形位公差的创建。整个过程如图 6-43 所示。

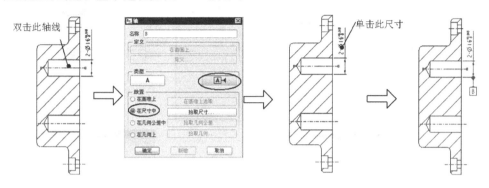

图 6-42 基准的创建

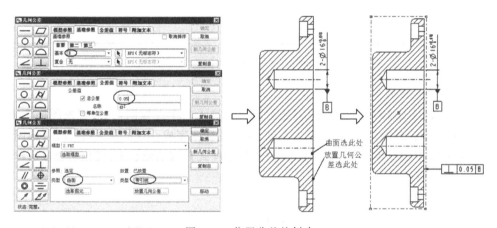

图 6-43 位置公差的创建

任务实施

STEP 1 新建文件

单击【新建】按钮,弹出【新建】对话框。选择【绘图】类型后,去掉【使用缺省模板】前面的勾,单击【确定】按钮,弹出【新建绘图】对话框。在【缺省模型】中选择需要画工程图的三维图,【指定模板】中选择【格式为空】,单击【格式】选项中【浏览】按钮,在打开的对话框中选择任务 1 制定好的图框 a4,然后单击【确定】按钮,进入绘图环境。

STEP 2 主视图的创建

单击【布局】选项中的【一般】按钮,在绘图工作区的适当位置单击左键,此时系统弹出【绘图视图】对话框。选中【几何参照】栏,在【参照 1】栏中选择【前】,选取 S1 面,在【参照 2】栏中选择【右】,选取 S2 面,单击【应用】按钮,完成主视图的放置。打开【视图显示】对话框,在对话框中选择【显示样式】→【消隐】,选择【相切边显示样式】→【无】,完成后,单击【应用】按钮。打开【截面】对话框,单击【+】,选取名称12,【剖切区域】→【局部】→【选择点】,单击【确定】按钮,主视图创建完毕。整个过程如图6-44所示。

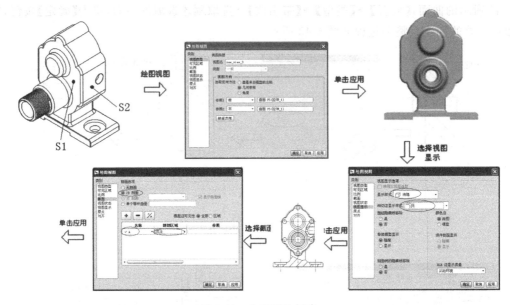

图 6-44　主视图的创建

STEP 3　左视图的创建

选中主视图,单击【布局】选项中的【投影】按钮,插入一个左视图,此时将视图拖至主视图的右边,放到一个合理的位置,然后单击左键,插入左视图完成。双击左视图,弹出【视图显示】对话框。对左视图进行编辑,在对话框中选择【显示样式】→【消隐】,选择【相切边显示样式】→【无】,如图6-45所示。

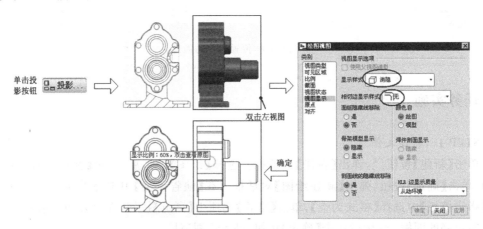

图 6-45　左视图的创建

STEP 4　轴线的创建

单击【注释】选项,该选项的工具为尺寸标注及编辑,单击【显示模式注释】按钮,弹出【显示模式注释】对话框。选中【轴线标注】选项,此时在绘图工作区选择主视图,【显示模式注释】对话框出现四条轴线,然后一个一个地试试轴线是否需要,这里全选中,单击【确定】按钮,完成主视图轴线的创建。整个过程如图 6-46 所示。

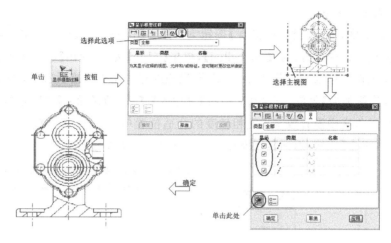

图 6-46 基准轴的创建过程

采用用同样的方法,创建左视图的轴线。

根据图形要求,修改轴线,方法为:选中轴线,拉长或缩短轴线,达到需要的轴线长度。

STEP 5 局部剖视图的创建

回到【布局】选项,双击左视图,弹出【绘图视图】对话框。选择【截面】,再选择剖面选项为【2D 截面】,并单击【添加】按钮,在定义完成剖面名称和剖切位置后,选择【剖切区域】下拉菜单中的【局部】选项,然后在图形中指定剖切位置的参照点,并绘制出定义剖切区域范围的封闭线框,单击【确定】按钮,创建完成局部剖切视图。

STEP 6 标注尺寸

在标注尺寸之前,把半视图的轴线补上,方法与 STEP 4 相同。

单击【注释】选项,再单击【尺寸】按钮 ，标注并修改如图 6-47 所示的尺寸。

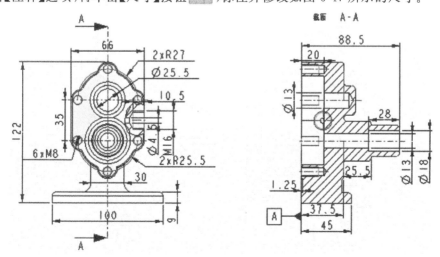

图 6-47 尺寸标注示意图

在标注 65 参照的尺寸时,单击【尺寸参照】按钮,该标注的方法与【尺寸】标注的方法一样。

STEP 7　表面粗糙度的标注

标注表面粗糙度,单击【表面粗糙度】按钮,弹出【得到符号】菜单。单击【检索】,双击【machined】,弹出对话框。再选择【no_voluel】,单击【打开】按钮,弹出【实体依附】菜单。单击【法向】,在绘图工作区选取 L1,没有数字的表面粗糙度标注完毕。接下来写数字,单击【注解】按钮,弹出【注解类型】菜单。选择【无引线】、【输入】、【垂直】、【标准】、【缺省】,再单击【进行注解】。在绘图工作区中没有数字表面粗糙度的合适位置单击左键,弹出【输入注解】对话框。填写数字,回车,单击【完成/返回】,调整数字到合适位置。整个过程如图 6-48 所示。

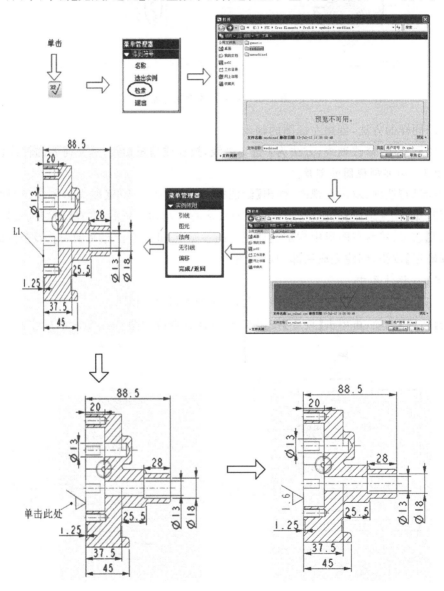

图 6-48　粗糙度的标注操作过程

STEP 8 形位公差的标注

单击【几何公差】按钮,弹出【几何公差】对话框。选择【公差值】选项,在【总公差】栏中输入 0.05;选择【基准参照】选项,在【基本】栏中选取 A;再选择【模型参照】选项,单击【垂直度】图标,再单击【选取图元】按钮,在绘图工作区选择曲面 S1,回到对话框,在放置【类型】下拉单中选择【带引线】,单击【放置几何公差】按钮,在尺寸界线 L1 处单击左键,再移动形位公差符号到合适的位置,完成形位公差的标注。整个操作过程如图 6-49 所示。

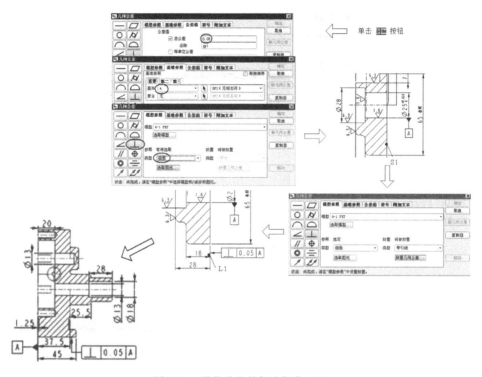

图 6-49 形位公差的标注操作过程

STEP 9 技术要求的创建

选择【创建注释】选项,单击【注解】按钮,弹出【注解类型】菜单管理器。选择【无引线】→【输入】→【水平】→【标准】→【缺省】,单击【进行注解】。在绘图工作区需要写文本内容的空白处单击左键,此时弹出【输入注解】对话框。输入"技术要求",两次回车后,再一次单击【进行注解】,在"技术要求"文本的下方单击左键,此时又弹出【输入注解】对话框。输入"1.铸件不得有缩孔、砂眼、气孔等铸造缺陷",再次两次回车,单击菜单中的【完成/返回】,回到绘图工作区,双击"1.铸件不得有缩孔、砂眼、气孔等铸造缺陷"文本框,弹出【注解属性】对话框。再加上一条"2.未注圆角为 R3."完成技术要求的创建,整个操作过程如图 6-50 所示。

STEP 10 标题栏的修改

双击比例下方向的标题栏框,弹出【注解属性】对话框。输入 1:1,然后单击【确定】按钮,完成一处修改。采用同样方法修改其他需要修改的地方。最终结果如图 6-51 所示。

STEP 11 保存文件

完成以上所有操作后,单击【保存】按钮进行文件的保存。泵体的最终示意图如图 6-52 所示。

图 6-50 技术要求的创建操作过程

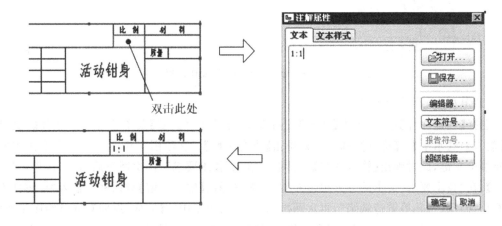

图 6-51 标题栏的修改

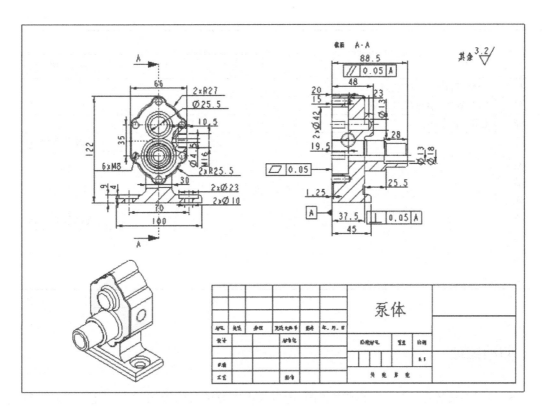

图 6-52 泵体的最终示意图

任务评价

完成图 6-34 所示泵体的工程图,根据操作对评价表(见表 6-2)中的内容进行自我评价和老师评价。

表 6-2 项目 6 工程图的设计 任务 2 综合评价表

班级_____ 姓名_____ 学号_____

序号	评价内容	自我评价		
		很好	较好	尚需努力
1	解读任务内容			
2	正确使用半视图创建方法			
3	正确创建局部剖视图及轴线的创建			
4	正确使用尺寸和尺寸公差标注与修改方法			
5	正确完整地标注表面粗糙度			
6	正确完整地标注形位公差工具			
7	技术要求的输入方法和标题栏的修改方法			
8	在规定时间内完成(建议时间为 15min)			
9	学习能力,资讯能力			

续表

序号	评价内容	自我评价		
		很好	较好	尚需努力
10	分析、解决问题的能力			
11	学习效率,学习成果质量			
12	创新、拓展能力			
教师评价意见		综合等级		
		教师签名确认		

日期：_____年_____月_____日

归纳梳理

- 当视图放置完毕后,需要编辑视图,此时双击需要编辑的视图,会弹出【绘图视图】对话框。此对话框有 8 项内容可以进行视图的编辑,它们分别是【视图类型】、【可见区域】、【比例】、【剖面】、【视图状态】、【视图显示】、【原点】、【对齐】,所以必须灵活掌握对话框内的各项内容,这样才能大大提高工程图的绘制质量和速度。
- 尺寸标注是绘制工程图工作中的一个重要环节,也是学习的难点,一定要灵活掌握并熟练运用,也要把握好尺寸的修改及尺寸位置的移动,真正做到尺寸标注的正确、齐全、清晰、合理。
- 形位公差、尺寸公差、表面粗糙度等各项技术要求,应按照国家标准进行标注,并熟练掌握各种不同标注的方法,以提高绘图的速度。
- 通过这个任务,进一步熟悉工程图绘制的整个过程。

巩固练习

1. 将支架的三维图转化成工程图,如图 6-53 所示。 难度系数★
2. 将随附光盘 MK/机用台虎钳/9.prtr 的螺母三维图转化成工程图,如图 6-54 所示。

难度系数★★

3. 将随附光盘 MK5/机用台虎钳/1.prt 固定钳身的三维图转化成工程图,如图 6-55 所示。 难度系数★★★

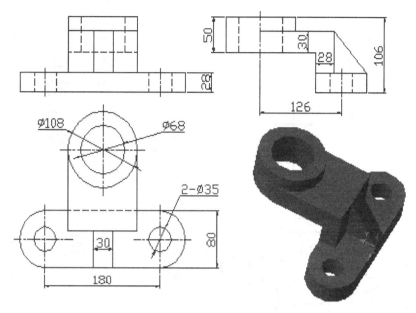

图 6-53 支架

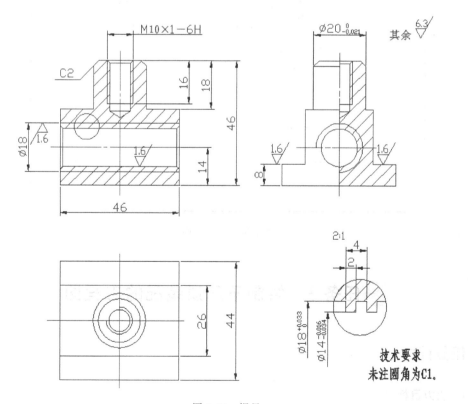

图 6-54 螺母

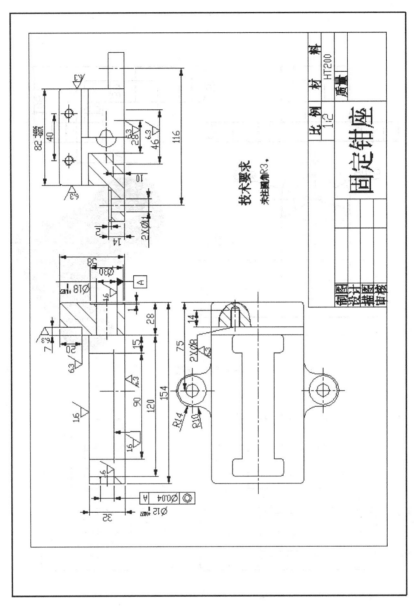

图 6-55 固定钳座

任务3 绘制千斤顶装配的工程图

任务目标

1. 能力目标

- 能够读懂零件图。

- 能够调用图框及标题栏编辑。
- 能够进行装配工程图的全剖的创建。
- 能够进行装配工程图尺寸标注。
- 能够进行球标解(序号的标注)的创建。

2. 职业素养

- 培养严谨认真的工作态度。
- 培养学习能力。
- 培养分析问题和解决问题的能力。

任务内容

用 Pro/E5.0 软件把随书附带光盘中千斤顶\\asm001.asm 的造型图转化为如图 6-56 所示的工程图。

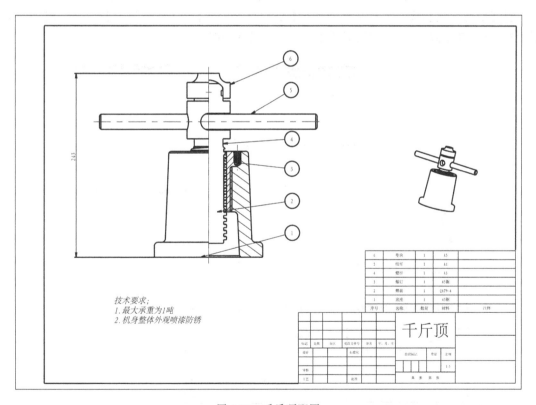

图 6-56　千斤顶配图

任务分析

从千斤顶配图可以得知,只要按图上要求把千斤顶装配图的三维图创建出工程图即可,因此可以看出此工程图由 2 个视图组成：主视图、轴测图，其中主视图半剖。图中有总体尺寸和序号及明细栏。下面学习如何将千斤顶装配图的三维图转化为工程图。

任务实施

STEP 1　新建文件

单击【新建】按钮，弹出【新建】对话框。选择【绘图】类型后，去掉【使用缺省模板】前面的勾，单击【确定】按钮，弹出【新建绘图】对话框。在【缺省模型】中选择需要画工程图的三维图，【指定模板】中选择【格式为空】，单击【格式】选项右侧的【浏览】按钮，在打开的对话框中选择任务 1 制定好的图框 a4，然后单击【确定】按钮，进入绘图环境，修改题栏。

STEP 2　主视图的创建

单击【布局】选项中的【一般】按钮，在绘图工作区的适当位置单击左键，此时系统弹出【绘图视图】对话框。选中【视图类型】栏，在【模型视图】栏中选择【LEFT】，在【比例】栏中输入比例 0.5，在【截面】栏中选择【2D 剖面】，再选择【创建新截面】，然后选择【ASM RIGHT】面，再选择【剖切区域】为【一半】，选择参照为【ASM_FRONT】，在【视图显示】栏中选择【消隐】、【无】，单击【确定】按钮完成主视图的创建。整个过程如图 6-57 所示。

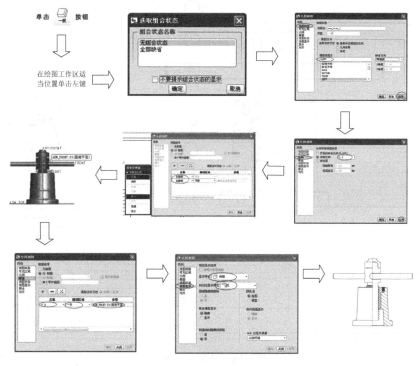

图 6-57　主视图的创建过程

STEP 3　创建明细栏

选择【表格】选项，单击【表格】按钮，弹出菜单管理器，选择【降序】、【右对齐】、【按长度】、【选出点】，再单击图框内格左上角，弹出对话框。输入从左数第一列的数字 8 后，回车，继续输入 30 后回车、38 后回车、8 后回车、16 后回车，然后双回车，如果结束列的输入共输入 3

个7后,两次回车,结束表格的制作。选中表格,拖至标题栏的上方,然后单击【合并单元格】将单元格按要求合并,依次双击表格。

在明细栏中填写如图6-56所示内容。单击【重复区域】,选择【添加】、【简单】,单击明细栏第一行第一列,按住Shift键,再选择明细栏第一行最后一列,单击【确定】按钮。依次单击明细栏第一行每个单元格,选择【报告符号】栏中相应选项,如表6-4所示。单击【重复区域】,菜单管理器中选择【过滤器】、【按规则】,选择【添加】,输入"&asm.mbr.type==part",过滤掉重复零件名称,单击【更新表】,完成明细表的创建。创建过程如图6-58明细栏创建过程。

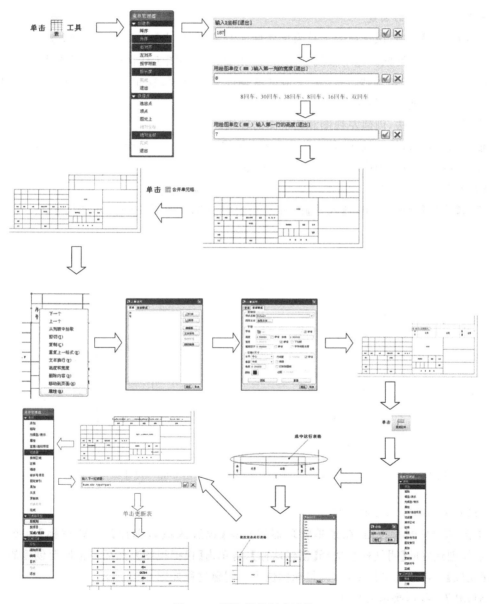

图6-58 明细栏的创建过程

表 6-4　报告符号含义

符　　号	含　　义
Rpt. index	序号
Asm. mbr. c	代号
Asm. mbr. n	材料
Rpt. qty	数量
Asm. mbr. m	材料

STEP 4　轴线的创建

单击【注释】选项,该选项的工具为尺寸标注及编辑,单击【显示模式注释】按钮 ,,弹出【显示模式注释】对话框。选中轴线标注 选项,此时在绘图工作区选择主视图,【显示模式注释】对话框出现若干条轴线,一个一个地试试轴线是否需要,这里只要全选中即可,单击【确定】,完成主视图轴线的创建。

采用同样的方法,创建左视图和俯视图的轴线。

根据图形要求,修改轴线,其方法为:选中轴线,拖动左键拉长或缩短轴线,直到达到需要的轴线长度即可,或增加中心线,如图 6-59 所示。

STEP 5　标注尺寸

单击【注释】选项,再单击【尺寸】按钮 ,标注并修改如图 6-60 所示的尺寸。

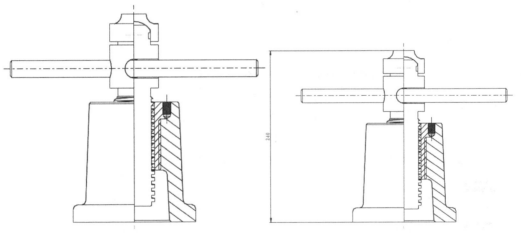

图 6-59　轴的创建与修改　　　　　图 6-60　尺寸标注示意图

STEP 6　BOM 球标的创建

单击 BOM球标... 按钮,在菜单管理器中选择【设置区域】,选择【BOM 球标】类型为【简单】,选择创建好的【明细栏】,选择【创建球标】,再单击【根据视图】,然后单击所要创建的视图,单击【完成】。再通过鼠标单击,调整球标位置。创建过程如图 6-61 所示。

STEP 7　技术要求的创建

选择【创建注释】选项,单击【注解】按钮 ,弹出【注解类型】菜单管理器。选择【无引线】→【输入】→【水平】→【标准】→【缺省】,再单击【进行注解】。在绘图工作区需要写文本内容的空白处单击左键,此时弹出【输入注解】对话框。输入"技术要求",两次回车后,再一次单击【进

模块 6 工程图的设计

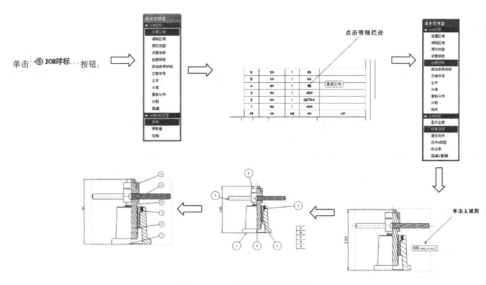

图 6-61 序号的创建过程

行注解】,在"技术要求"文本的下方单击,此时又弹出【输入注解】对话框。输入"技术要求文字",两次回车,单击菜单中的【完成/返回】,完成技术要求的创建,最终结果如图 6-62 所示。

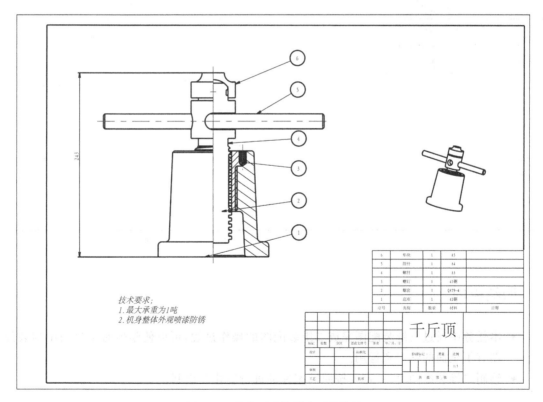

图 6-62 技术要求的创建后的结果

STEP 8 保存文件

完成以上所有操作后,单击【保存】按钮进行文件的保存。

任务评价

完成图 6-56 所示千斤顶装配图,根据操作对评价表(见表 6-5)中的内容进行自我评价和老师评价。

表 6-5　项目 6　工程图的设计　任务 3　综合评价表

班级_____　　姓名_____　　学号_____

序号	评价内容	自我评价		
		很好	较好	尚需努力
1	解读任务内容			
2	正确导入图框并能顺利修改标题栏			
3	合理选择三个视图			
4	正确标注尺寸和修改尺寸			
5	正确绘制明细栏并能编辑明细栏			
6	正确、合理地完成技术要求编写			
7	正确、合理地标注序号			
8	在规定时间内完成(建议时间为 30min)			
9	学习能力,资讯能力			
10	分析、解决问题的能力			
11	学习效率,学习成果质量			
12	创新、拓展能力			
教师评价意见		综合等级　　　　　　　　　　教师签名确认		

日期:_____年_____月_____日

归纳梳理

- 本任务中通过三维装配图完成二维装配图的操作过程,可以使学生对工程图中的装配图有了全面的学习和运用。
- 绘制二维装配图时,一定要按照国家标准进行转化和绘制。

巩固练习

1. 将螺母三维图转化成工程图,如图 6-63 所示。　　　　　　　　　　　难度系数★

2. 将铰链2三维图转化成工程图,如图6-64所示。　　　　　　　　难度系数★★

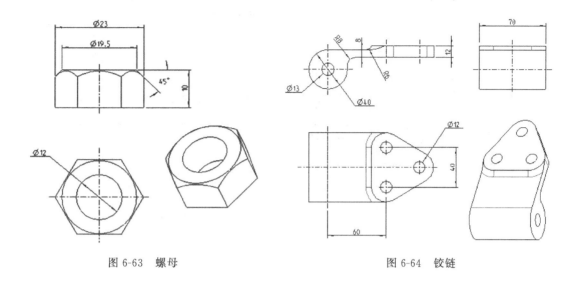

图6-63　螺母　　　　　　　　　　　图6-64　铰链

3. 将铰链1三维图转化成工程图,如图6-65所示。　　　　　　　　难度系数★★

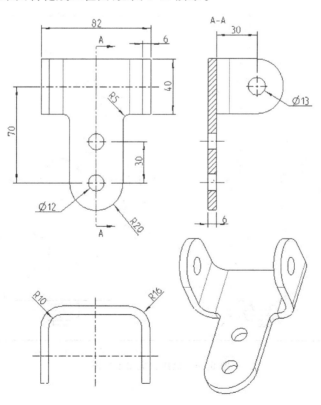

图6-65　铰链1

4. 将机用台虎钳的三维图装配图转化成工程图，如图 6-66 所示。　　难度系数★★★

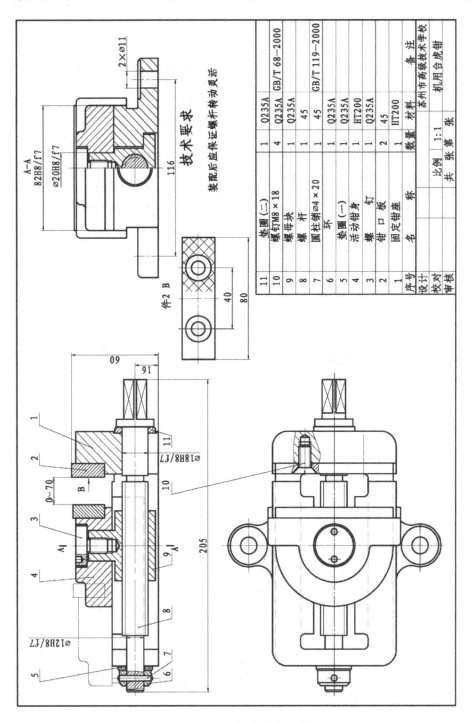

图 6-66　机用台虎钳装配图

参考文献

[1] 劳动和社会保障部教材办公室.机械制图[M].北京：中国劳动社会保障出版社，2009.
[2] 蔡冬根.Pro/ENGINEER Wildfire 3.0 实用教程[M].北京：人民邮电出版社，2008.
[3] 辛栋,刘艳龙,谢龙汉.Pro/ENGINEER Wildfire 4.0 三维造型视频精讲[M].北京：人民邮电出版社，2009.
[4] 博创设计坊.Pro/ENGINEER Wildfire 野火版 4.0 三维设计[M].北京：机械工业出版社，2009.
[5] 麓山科技.Pro/ENGINEER Wildfire5.0 机械设计实例精讲[M].北京：机械工业出版社，2010.
[6] 许志刚,瞿清华.电子部件制作[M].南京：江苏教育出版社 凤凰职教，2013.